U0219422

CMP BOOKS
机工IT

数字经济创新驱动与技术赋能丛书

‹packt›

数据质量管理实践手册

[英] 罗伯特·霍克（Robert Hawker）/ 著

马欢　杨晓敏 等/译

机械工业出版社
CHINA MACHINE PRESS

本书深入剖析了组织中数据质量的重要性及提升方法，为组织打造优质数据提供了全面的指导。书中首先揭示了糟糕的数据质量对企业流程、决策及合规的潜在影响，进而阐述了提高数据质量的核心要素和端到端的实践流程。详细解析了数据质量提升方案的每个步骤，从构建业务案例到管理初期的繁忙阶段，再到确定关键利益相关者并明确数据规则，为读者提供了清晰的操作路径。此外，书中还介绍了数据监控与修正的有效方法，并探讨了如何将良好的数据实践融入企业日常运营。最后，作者总结了一份提升数据质量的完整纲要，配以实例和模板工具，以点燃读者的探索热情，并助力数据质量工作持续高效推进。

本书是企业数据质量管理的必备指南，适合各类组织的数据从业者和管理者阅读参考。

Copyright © Packt Publishing 2023. First published in the English language under the title 'Practical Data Quality-9781804610787'

Simplified Chinese Translation Copyright © 2024 China Machine Press. This edition is authorized for sale in the Chinese mainland（excluding Hong Kong SAR，Macao SAR and Taiwan）.

All rights reserved.

此版本仅限在中国大陆地区（不包括香港、澳门特别行政区及台湾地区）销售。未经出版者书面许可，不得以任何方式抄袭、复制或节录本书中的任何部分。

北京市版权局著作权合同登记　图字：01-2023-6174 号。

图书在版编目（CIP）数据

数据质量管理实践手册／（英）罗伯特·霍克（Robert Hawker）著；马欢等译. -- 北京：机械工业出版社，2024. 11. --（数字经济创新驱动与技术赋能丛书）. -- ISBN 978-7-111-76845-6

Ⅰ. TP274-62

中国国家版本馆 CIP 数据核字第 2024QC1150 号

机械工业出版社（北京市百万庄大街 22 号　邮政编码 100037）
策划编辑：张淑谦　　　责任编辑：张淑谦　杨　源
责任校对：樊钟英　薄萌钰　责任印制：刘　媛
北京中科印刷有限公司印刷
2024 年 12 月第 1 版第 1 次印刷
184mm×240mm · 16. 75 印张 · 1 插页 · 319 千字
标准书号：ISBN 978-7-111-76845-6
定价：99. 00 元

电话服务　　　　　　　　　网络服务
客服电话：010-88361066　　机　工　官　网：www. cmpbook. com
　　　　　010-88379833　　机　工　官　博：weibo. com/cmp1952
　　　　　010-68326294　　金　书　网：www. golden-book. com
封底无防伪标均为盗版　机工教育服务网：www. cmpedu. com

译者序

近几年，数字化已经成为各行各业发展的主要趋势。数据作为数字化转型的核心，已经成为组织最宝贵的资产之一。然而，随着数据量的不断增加和数据来源的多样化，数据质量问题却成为数字化转型过程中的一大障碍。

随着 DAMA-DMBOK 中文版的问世，国内众多企业和研究者对数据管理有了更为深入的理解和重视。然而，不容忽视的是，尽管数据质量的概念逐渐为人们所熟知，但对其深刻理解和全面实践仍然存在着一定的不足。尽管市面上关于数据质量概念、指标体系建立、数据质量工具应用等方面的书籍和文章数不胜数，但系统而详尽地探讨数据质量全生命周期实践的专著仍显匮乏。

正是在这样的背景下，《数据质量管理实践手册》的出版恰逢其时。本书的作者罗伯特·霍克（Robert Hawker）先生，拥有长达 16 年的数据工作经验，涉及主数据管理、数据所有权和监管、元数据管理等多个领域，特别是在数据质量管理方面有着深厚的造诣。他不仅深入研究了 DAMA-DMBOK 及其他专著的内容，还结合自己与众多数据质量专家的丰富经验，形成了对数据质量管理的独到见解。在本书中，罗伯特·霍克先生构建了一个从制订数据质量管理计划、建立规则、监控数据质量，到数据质量补救，再到将数据质量融入企业日常运营活动的端到端的完整流程。这一流程不仅具有高度的系统性，还注重实用性和可操作性，为读者提供了一套切实可行的数据质量管理方法。

《数据质量管理实践手册》的出版，无疑为国内从业者和研究者提供了一本宝贵的参考书。它不仅有助于提升数据质量管理的理论水平，更能为实践工作提供有力的指导。

能有机会将《数据质量管理实践手册》这一数据质量理论和实践力作呈现给国内读者，译者倍感荣幸，我们期待本书能够成为推动国内数据质量管理工作发展的重要力量，为组织建立高质量数据提供指南，为社会的数字化建设带来更为深远的影响。

本书主要由马欢、杨晓敏翻译，其他译者还有（排名不分先后）柴非超、武振宇、张明怡、陶玉印、张哲言、孙筠淇、郑治超、熊云锋、解学振、刘晏榕、崔亚楠、王龙飞、李新乐、王金龙、郭方超、冯乐、杨子政、刘俊、王琪、杜高平、孔令颖、林秀峰、郭媛。

在此，我们衷心感谢翻译组成员在翻译、校对工作中付出的辛勤努力和提供的无私帮助。在本书的翻译过程中，我们竭尽全力保持对原著的忠实与准确理解，力求在传达原著精髓的同时，保留其独特的风格。然而，由于译者水平有限，书中可能仍会存在一些错误或不准确之处。我们恳请广大读者不吝赐教，提出宝贵的批评与建议，并热切期望与读者进行直接的交流与探讨。

让我们携手共进，以《数据质量管理实践手册》为指引，不断提升数据质量管理的水平，为组织的可持续发展和社会的全面进步贡献力量。

马　欢

2024 年 3 月

序

多年来，数据从业人员已经意识到拥有高质量数据的重要性，但似乎只是在近几年，更多业务用户才开始意识到对高质量数据的需求。糟糕的数据质量总是给企业带来无尽的问题，更可怕的是，人们往往认为这是生活和工作中必须面对的问题。事实并非如此，但要让业务用户相信这一点却非常具有挑战性！近年来，人们对更高质量的数据需求日益增长，而随着生成式人工智能（AIGC）的快速发展，人们比以往任何时候都更需要充分了解高质量数据的重要性。毕竟，人工智能的好坏取决于它所学习的数据，因此高质量的数据对训练大语言模型至关重要。

20多年来，我一直致力于帮助企业和大型公共部门更好地理解和管理数据。通常情况下，人们向我求助是因为他们的数据一团糟，需要我帮助他们厘清思路，或者是因为他们意识到，由于数据质量不高，投入大量资金的新举措都以失败告终。

当罗伯特邀请我撰写这篇序言时，我深感荣幸。我主要以数据治理的专业成就而为大家所熟知，但数据治理和数据质量这两个数据管理学科关联如此密切，以至于很难说清楚是先有鸡还是先有蛋。大多数组织开启其数据治理之旅的主要目的是提高数据质量。然而，没有数据治理框架支持的数据质量方案往往是纸上谈兵，充其量只是昙花一现。我倾向于用互利共生来形容它们之间的关系。要想取得成功，所有数据治理从业人员都需要精通数据质量；同样地，所有数据质量从业人员也需要充分了解数据治理。

作为DAMA UK（数据管理协会——英国分会）的前常任董事会成员，我曾带领一个工作组于2017年发布了一份白皮书，概述了测量数据质量的六个关键维度。工作组花费了大量精力，首先商定了一套"标准"维度，然后就如何使用这些维度提出了建议。该白皮书广受好评，经常被引用和参考（本书第2章有所涉及），但它只是一本简单的小册子，关注了数据质量的一小部分内容。如果你刚开始接触数据质量，它无法为你提供全面的信息，也不能为企业的数据质量改进工作提供切实可行的实践方案。而这恰恰是本书的作用所在。

本书不仅强调需要做什么，还阐述了什么是问题数据，以及问题数据对企业的影响。毕竟，你首先需要说服众多利益相关方助力你开展数据质量管理活动。

罗伯特将带你了解数据质量的基本原则、关键概念和术语，包括解释数据治理与数据质量之间的关系，以及为什么需要两者兼顾。

他直面"评估数据质量管理活动带来的收益"这一挑战（我在职业生涯早期就发现，"查找并解决一些数据质量问题，可能会节省开支"这种单纯的想法并不能作为一个成功的商业案例)，而且最重要的是，本书提供了一套详细的方案，让你一并清楚地了解需要应对的活动、活动的顺序，以及如何成功开展这些活动的实用建议。从如何选择正确的数据质量工具，到需要哪些人员为你提供支持，从数据发现和剖析、测量和监控数据质量，到至关重要的补救措施，本书囊括了你需要了解的一切。

在开展数据质量管理活动时，你需要掌握许多复杂的概念。我非常佩服罗伯特利用他在该领域的丰富经验，以简单、易懂的方式阐释了这些概念，并提供了杰出的商业案例和用例，同时还列举了一些常犯的错误，使所有内容栩栩如生。

解决数据质量问题看似简单易行，但要成功取得可持续的结果，涉及的内容比你最初想象的要复杂得多。本书为你提供了一个完整的计划，以实现可持续的数据质量改进，这将极大地促进你和你所在的组织取得成功。

在此鼓励大家深入研读这本优秀的书籍，灵活运用其中的原则，开启提升数据质量之旅！

尼古拉·阿斯卡姆

数据治理顾问

贡献者

关于作者

罗伯特·霍克（Robert Hawker）的职业生涯始于注册会计师，2007 年开始涉足数据领域。在长达 16 年的时间里，他带领数据团队进行两次 SAP 的全面实施，负责主数据管理、数据所有权和监管、元数据管理，当然还有数据质量。2017 年，他转行从事分析工作，现在专攻微软 Power BI 的培训、实施、监管和治理工作。他居住在英国，通过会议和博客分享他的经验。

我要感谢以下人员的支持：

妮可·哈特利（Nicole Hartley）感谢她作为技术审查专家给予的支持。十几年来她一直是我的好同事、好朋友。

尼古拉·阿斯卡姆（Nicola Askham）为本书撰写了精彩的序言，并在与 DAMA 接洽的过程中给予了极大的鼓励和支持。

奈杰尔·特纳（Nigel Turner）应邀对一个章节做了审查，以确保我正确引用了 DAMA 的内容，同时他还提供了非常有价值的技术审查方法。

感谢迈尔斯·蕾雅（Miles Reah）为本书的结构规划所做的全部工作，以及对前 5 章我所写内容的精彩反馈。

Tiksha Abhimanyu Lad 是我在写作和编辑过程中的真正合作伙伴。因为她的贡献，这本书的质量大大提高，她鼓励的话语也让我始终保持高昂的斗志。

关于审稿人

妮可·哈特利拥有丰富的 IT 背景和十多年的数据治理实践经验，曾在一家跨国电信企业工作，她最突出的经历是参与了一项大规模的数字化转型计划的制订和执行，该计划高度重视数据质量。

在个人生活中，妮可把她的时间都投入到家庭中。

迈尔斯·蕾雅 拥有 8 年多的数据治理顾问工作经验，在多个主要行业拥有大量客户。迈尔斯通过了企业数据管理委员会（**Enterprise Data Management Council，EDMC**）的数据管理能力评估模型（**Data Management Capability Assessment Model，DCAM**）认证，并在其职业生涯中积累了丰富的数据治理、数据质量和数据血缘知识和经验。迈尔斯曾服务于多个大型和小型的数据管理团队，见证了良好的数据质量的力量。他拥有在各种情况下实施数据质量框架、政策和控制的经验。迈尔斯经常在大学发表演讲，参加演讲小组，并撰写有关数据治理、数据管理思想的文章。

前　言

对你所在的组织而言，如何从仅对数据质量问题有基本认识，提升到真正拥有支撑业务成功的优质数据，是本书主要阐述的内容。

本书首先解释了糟糕的数据如何影响组织的流程效率、决策和保持合规性的能力。然后介绍了要想在数据质量方面取得成功，读者需要理解的关键概念，以及在我整个职业生涯中用于转换数据的一些端到端流程。

本书接着解释了数据质量之旅的每一步，从商业案例的创建，以及每一项举措启动阶段纷繁芜杂的工作。然后确定整个过程中需要接触的典型利益相关方并与之合作，以确定要关注的数据，以及数据应遵守的具体质量规则。

接下来，本书展示了如何根据已建立的规则监视数据，以及如何实际开始更正数据。

最后，本书解释了如何将良好的数据质量实践纳入组织的日常活动中，并概述了最佳实践和工作中应避免的挑战。

在本书的结尾，概述了如何在组织中提升数据质量，以及如何利用一些例子来吸引利益相关方的兴趣，并提供了能加速数据质量工作的模板和工具。

本书的受众读者

任何想要提高组织中数据质量的读者都是本书的受众。本书为刚接触该主题的读者概述了数据质量的基本知识，并深入分析了数据质量生命周期的每一个步骤，使用真实案例和模板来加快进展。典型的读者是商业领袖，如首席运营官或首席执行官，让他们认识到糟糕的数据质量对他们的成功产生不利影响是最重要的，读者也包括各种数据团队，如希望优化数据质量提升方法的分析团队或治理团队。

本书主要内容

第 1 章，**数据质量对组织的影响**，解释了数据质量的重要性，并定义了问题数据的含义。

第 2 章，**数据质量原则**，解释了关键的数据质量概念，包括所涉及的典型角色、数据质量改进周期，以及数据质量方案与更广泛的数据管理计划和组织的整体配合。

第 3 章，**数据质量的商业案例**，解释了如何计算数据质量方案的成本和收益，并将这些成本和收益与定性问题结合起来，形成一个引人注目的可融资商业案例。

第 4 章，**数据质量方案入门**，确定了商业案例被批准后需要立即执行的活动，如供应商和工具的选择、招聘、早期补救活动和规划。它提供了一个可以确保所有这些活动尽早以期望的速度取得进展的框架。

第 5 章，**数据发现**，解释了如何理解业务战略，以及如何将它与数据、流程和分析相联系。理解了这一点以后，本章解释了如何执行数据剖析并解释结果，以生成第一个数据质量规则。

第 6 章，**数据质量规则**，解释了如何导出一套完整的业务数据质量规则，涵盖了所有关键元素，包括定义规则范围、阈值、维度和权重。良好的质量规则能以可重复的方式有效地识别不符合标准的数据。

第 7 章，**根据规则监控数据**，概述了根据业务规则高效监控数据质量所需的各种仪表板和报告。

第 8 章，**数据质量补救**，解释了如何使用数据质量仪表板和报告来确定数据质量改进活动的优先级，然后进行数据质量改进工作。

第 9 章，**将数据质量纳入组织中**，描述了如何确保数据质量改进工作不会随着项目的结束而终止，确保它成为日常业务实践的一部分。

第 10 章，**最佳实践和常见错误**，概述了成功的数据质量方案中的关键最佳实践，以及降低工作效率的常见错误。本书最后分析了生成式人工智能等新技术将如何影响该领域的工作。

如何充分利用本书

要想充分发挥本书的作用，你应该对企业的运营方式有基本的了解，包括但不限于以下内容：

- 了解组织的结构，包括不同部门和组织实践。
- 了解组织中的关键流程，如采购到付款或订单到现金结算。
- 了解组织中的关键系统，如 ERP 系统和 CRM 系统。
- 了解数据管理概念，如主数据管理、数据所有权和管理工作。

目　录

1

入 门

数据质量方案一般很难实施。因为事先清晰地量化收益并不容易，而且并非所有利益相关方都能意识到糟糕的数据质量会造成多大的影响。

在本书的前 4 章，你将深入了解关于数据质量方案的关键基本概念。例如涉及的角色，配套更广泛的数据管理计划的活动，以及端到端的数据质量改进周期。你将学习到如何编写一个具有说服力的数据质量方案商业案例，只有这样才能获得必要的资金支持，让你的方案得到实质性推进。本书将指导你在商业案例获批后，如何迅速有效地开展工作。

阅读完本部分后，你将能够全面地阐述数据质量方案从开始到结束所包含的全部内容，并可以深入解释推行数据质量方案的收益和成本。

本部分包含以下章节：

- 第 1 章　数据质量对组织的影响
- 第 2 章　数据质量原则
- 第 3 章　数据质量的商业案例
- 第 4 章　数据质量方案入门

第 1 章

数据质量对组织的影响

数据质量通常是组织中最容易被忽视的领域之一。诸如"报表的数据来自客户关系管理系统（CRM）——但要注意：数据质量不是很好"，或者"抱歉，我不能回答这个问题，因为我们的数据还不足以支持这个问题。"这些说法已经成为诸多组织文化的一部分。日复一日，甚至年复一年，你是否经常听到这样的说法呢？

如此忽视数据质量，可能会对以下方面产生影响：

- 业务和合规流程的有效性。
- 通过报表做出高质量决策的能力。
- 组织在竞争中脱颖而出的能力。
- 组织在客户、供应商和员工中的声誉。

如果组织无法充分利用人工智能和机器学习等新技术，来最大限度地挖掘数据，将数据作为产品变现的雄心壮志往往只能束之高阁。

糟糕的数据质量也是对生产力的无形消耗。组织中的每个员工都在某种程度上受到糟糕的数据质量的影响——无论是报表未包含他们需要的所有信息，还是业务流程因为缺少关键数据而无法完成。最终，尽管存在数据质量问题，人们通常不会报告这些问题，而是创建新的更复杂的流程来交付所需的结果。数据质量问题通常被认为过于复杂，解决成本过高，导致人们想方设法绕过这些问题。

以一家制造企业为例，它们已经具有高度自动化的产品主数据创建流程。现在主数据产品需要扩展到多个制造工厂和销售公司。这个过程准备使用规则表来完成（例如字段 X 的值，Y 为意大利，Z 为德国）。创建产品的过程只花了几秒钟，但由于没有持续更新底层规则表，导致某个国家的三种产品创建了错误的数据。最终这些错误的数据流转到客户收到的销售发票上。情况是产品主数据中有一个标记，如果勾选，则意味着需要收取包装费。但是该标记在这三种产品上被错误地留空。六周内共发出了一万多张没有包含额外包装费用的发票。一个小问题产生了巨大的影响！

在连续数周报告该产品数据问题却未得到解决之后，销售团队创建了一个流程，在每张发票送达客户前进行手动更正。这项工作过于重复乏味，以至于造成了员工流失。这只是该企业内部大量类似问题之一，这些问题在无形中消耗着组织的潜力。

在你的组织里，这些问题是否似曾相识？如果是这样，希望本书能帮助你找到前进的道路。

1.1　本书的价值

我知道抽时间阅读这样一本书绝非易事。为了提高自己和组织的绩效，你可能需要阅读大量的业务书籍。大多数人都会这么做，但很少有人能认真读完一本书。

那么，是什么原因让你在本书上投入宝贵的时间呢？希望我能帮助你了解，哪些数据存在质量问题，哪些是重要数据，如何让这些数据质量得到迅速提升，并保持下去。这就是数据质量实践的意义所在。

本书提出的方法曾经在一家组织获得了成功，该组织的数据质量曾经非常差，以至于难以维持其正常运营。应用本书提供的方法，该组织成功将数据质量提升至优秀的水平。（这家组织的数据质量曾经如此之差，以至于无法按时支付公共服务费用，几乎导致停电。）

在这个组织中，数据质量方案的实施进展很快。在短短几周内，数据质量被提升到最高优先级，问题得以改善。在 6 个月内，一个自动化的数据质量工具已到位，可以识别不满足业务需求的数据，并且制定了用于纠正数据的流程。两年后，数据质量完全融入组织流程，新员工接受了相关主题的培训，数据质量几乎接近满分目标。如果遵循本书中介绍的方法，并得到组织的正面支持，你应该也能够取得类似的成果。

1.1.1　高层支持的重要性

我坚信本书介绍的方法是正确的。然而，如果没有组织高层的正面支持，即使是正确的方法也会失败。

在该示例组织中，所需的支持相对容易获得。因为它的情况非常糟糕，以至于领导层把数据质量看作影响收入、成本和合规性的主要问题，而这通常是执行董事会感兴趣的三大主题领域。

董事会要求数据质量团队每月报告数据质量，每当出现问题或阻碍时，会立即采取行动消除阻碍。

在大多数组织中，数据质量问题并没有严重到让管理层对它们的影响一目了然。而一线业务人员对这些问题了如指掌，在数据被传递至高管之前，他们会努力打磨粗糙的数据。同时，流程和合规性活动也会受到影响，但还没有严重到高层能感知到的彻底瘫痪的地步。在讨论数据时，业务主管和 IT 主管通常有不同的优先事项和不同的话术，导致数据团队必须花费精力消除这些分歧。

以下章节所述方法可以影响高层来支持数据质量，帮助你揭露问题所在。

本章的剩余部分将涵盖以下主题：

- 什么是问题数据？
- 低质量数据的影响。
- 产生低质量数据的典型原因。

什么是问题数据？

第一个主题是关于问题数据的定义。追求完美数据（每条记录都是完整、准确和最新的）意义不大。因为完美数据所需的投资往往令人望而却步，并且最后 1% 的数据质量改进工作所带来的收益通常是微不足道的。

1.1.2　问题数据的详细定义

问题数据意味着什么呢？

简而言之，就是数据不再支持业务目标的情况。更详细地讲，就是出现以下类似情况：

- 问题数据通过以下方式阻碍**业务流程**的运行。
  - ◆ 不准时（例如在**服务水平协议**（SLA）范围内）。
  - ◆ 超出预算范围（例如为了遵守约定的时间限制，必须超出人员编制预算）。
  - ◆ 无法获得预期的结果（例如按时交付产品）。
- 问题数据意味着，关键信息无法在需要时为**业务决策**提供支持。这可能是由于以下问题造成的：
  - ◆ 信息缺失或延迟。（例如根据利润率选择要停产的产品，但报表中却没有关键产品的利润率。）
  - ◆ 信息不正确。（例如假设竞争对手的利润率为 X%，但由于数据汇总错误，实际利润率比这一假设低 5%。）
- 问题数据导致**合规风险**。这方面通常会出现以下情况。
  - ◆ 无法获得监管机构要求的数据，数据不完整、不正确，或者延期提供。
  - ◆ 未按照隐私法（如欧盟的**通用数据保护条例**（GDPR））保留数据。
- 在数据作为产品（如客户数据数据库）出售或差异化客户体验的一部分的情况下，数据无法支持企业从竞争对手中脱颖而出。

按照这个定义，任何造成此类问题，以至于组织无法实现业务目标的数据，都将被视为问题数据。

数据质量水平在公司的各业务单元和地区之间会存在很大差异。有些领域数据质量卓越，有些领域数据质量存在重大缺陷。通常情况下，一个业务单元或地区的重大失误会严重影响整个企业实现其目标的整体进度。

我曾合作过的一家企业，通过出色的研发和精心的收购实现了产品的显著差异化。研发团队对数据进行了精心管理，并保持了足够高的质量，以实现他们的业务目标。运营团队在数据管理方面还不够成熟，但是数据质量问题还没有严重到妨碍他们实现主要目标的程度。他们仍然设法生产出足够多的差异化产品，使公司能够极为准确地预测销售增长。然而，在一次收购过程中，销售团队继承了低质量的客户主数据（主要是装运详情数据大量重复、不正确或缺失），导致一些可能的销售增长未能实现。在一次客户体验回顾中，一位大客户评论道："你们拥有市场上最好的产品，但如果和你们做生意困难重重，即使拥有再好的产品也没有意义。"

1.1.3　问题数据与完美数据

我们已经提到，为获得完美数据而进行的投资没有经济效益。问题数据会妨碍经济价值的实现。那么组织应该制定什么样的数据标准才能符合目标呢？

答案很复杂，在第 6 章 6.2 节"数据质量规则的主要特征"部分将对此进行更深入的阐述，在此简而言之，必须定义一个阈值，在该阈值以上，可以认为数据是符合目标的。这是数据助力实现业务目标的关键。

诀窍在于确保你定义的阈值非常具体。例如大多数人会认为供应商的税号是数据的必备要素。对于这样的数据，很容易将数据质量分数定为 100%（换句话说，每一行数据都是完美的），但实际上，必须更加深入地考虑这个问题。

在许多国家，小型组织没有税号。例如在英国，企业收入在 85000 英镑（截至 2022 年）以下，增值税登记是可选择的。这意味着，在收集数据过程中，系统中包含此数据的字段不能是强制性的。必须设置一个数据质量阈值，在阈值内的数据是符合预期的。

> **注释：**
>
> 为了真正有效地进行管理，应该将供应商划分为大型企业和小型组织。可以为大型企业设置一个较高的阈值（例如 95%），为小型组织设置一个低得多的阈值（例如 60%）。

为了完善这条规则，在将供应商添加到系统中时，甚至可以尝试获取（或从邓白氏数据库等来源导入）过去 3 年供应商的平均年收入。然后为那些收入超过税务登记水平的供应商指定一个高阈值。创建和管理规则是一个耗时的过程，因为你需要获取大量额外的数据，并且阈值会随着时间的变化而变化。这就是在定义数据质量规则时，需要权衡的地方——制定特定规则所获得的好处，是否值得花费精力去获取或维护它们。

如果目标不够具体，那么数据可能会被不恰当地标记为问题数据。当同事们被要求修正问题数据时，他们会发现数据是被误判为有问题的，并对你提供给他们的数据质量报告失去信心。在这个例子中，追问供应商的税号，结果却发现他们没有税号。这些误判是有负面影响的，因为相关人员会开始认为他们可以忽略此类问题——这是数据质量背景下"狼来了"的经典故事。

本节我们介绍了问题数据的基础知识，下面来了解这些问题数据是如何影响组织的。

1.2　问题数据的影响

Gartner 的一项调查发现，"糟糕的数据质量会使企业平均每年损失 1180 万美元"。同一项调查还发现，"57% 的企业不知道低质量数据会给他们带来什么损失"。

1.2.1　量化问题数据的影响

在考虑数据质量问题的经济影响时，通常很难做到如此精确。当把上述两个调查结果放在一起看时，会产生更多疑问。据推测，每年 1180 万美元的数字来自 43% 的组织，这些组织确实计算了问题数据给他们造成的损失。由此可见，从这项调查中我们无法了解没有开展此项评估的组织因数据质量差而遭受的损失。引用唐纳德·拉姆斯菲尔德（Donald Rumsfeld）2002 年的一句话，这些组织是在"未知的未知"中运营的。

具有讽刺意味的是，那些没有评估过糟糕数据质量带来影响的公司，数据质量问题可能更严重——因为他们完全忽视了这个问题。这就像在学校中一样，那些总是担心考试结果、害怕失败的学生，最终往往比那些很少打扰老师、相对放松的学生更成功。

这种评估方法也不够完善。例如了解这个数字在不同组织和不同地区的变化情况会有所帮助。1180 万美元对于一家营业收入高达数百亿美元的公司来说无关紧要，但对于规模较小的组织来说，却是一个生死攸关的数字。

这个数字的另一个挑战（也将在第 2 章中讨论）是数据质量问题造成的损失本身就难以准确、全面地评估。例如也许可以确定在联系供应商收集缺失的电子邮件地址时所花费的人力成本。然而，这只是一个数据缺失的数据质量问题。你真的有时间确定在所有这些人工数据校正活动上所花费的精力，并对其进行量化吗？如果客户受到糟糕的数据质量的影响而决定不再与你进行交易，那么由此错失的收入该如何计算呢？甚至你是否知道，这就是他们选择与你停止交易的原因呢？现实情况是，在启动数据质量方案时，很少有时间对这些问题给出全面的答案。充其量只能提供一些示例来说明数据质量的已知影响。这通常不是高级管理人员所期望的，这种情况往往意味着数据质量提升方案在启动之前就已经失败了。

事实上，没有人知道问题数据会给公司带来多大的损失——即使是已经制定了成熟的数据质量方案、正在进行上百项数据质量评估的公司，也很难准确量化影响。当数据质量工作预算试图获得高层领导的批准时，这往往会成为导致失败的因素。数据质量方案通常需要大量预算，但是它所带来的好处相对来说较难具象，难以与其他明确见效的项目竞争资源。

在之前某个组织的投资委员会上，我参与的一个数据质量项目正在汇报，期望获得批准。在同一次会议上，有一个电子发票解决方案项目也在汇报。他们的项目是一个在线门户，供应商可以登录门户，根据采购订单提交电子发票，并且可以跟踪公司的付款情况。这个项目有一个明确的商业目标——它有望将供应商对付款的询问减少50%，并降低该领域的全职员工数量。董事会面临挑战，最终批准了电子发票项目，拒绝了我们的计划。

讽刺的是，六个月后，电子发票项目无法按时上线，原因是发现供应商主数据质量太差。系统上线可能会造成混乱，因为系统的基本功能要求中，供应商的电子邮件和增值税字段的完整度和准确度标准要比现有的高得多。这两个字段都在数据质量项目的范围内，并且我们的团队之前已经向电子发票项目团队提出了担忧。结果是该项目不得不推迟三个月，并且必须为先完成相关工作支付不菲的顾问费用。

从这次经历中学到了什么？

首先，从小事做起至关重要。选择已知的存在问题的数据（例如客户或产品数据）。所选择的那类数据，在收入、成本或合规风险方面，要能够给出问题的具体例子，并能说明它们对公司的意义。然后申请适量的预算，并展示你已经发现和解决的问题所带来的价值。

其次，将难以量化数据质量收益的原因作为申请获批时的策略之一，向利益相关方（例如投资者）解释。请记住，他们已经习惯了看到具有量化收益的项目，在考虑你的数据质量方案之前，他们需要转变观念。在审批委员会召开前与决策者单独会面，确保他们理解这一点。不是每个人都会支持，但当采取这种方法时，有希望引发足够的讨论，使方案获批的机会更大。

1.2.2 问题数据的深层次影响

现在，我们将更深入地探讨问题数据定义中的每个要素。本小节旨在深入描述糟糕的数据质量如何影响组织，以帮助你在自己的组织中寻找这些影响。

1. 对流程和效率的影响

许多组织为关键流程引入了服务水平协议（SLA）——例如在 24 小时内为新员工创建新账户。这些 SLA 至关重要，因为相关的流程在设计时都被期望满足 SLA。例如招聘经理可能会被告知，员工可以在提出申请后两周内入职。如果其中一个子流程（例如新账户的创建）延迟，会导致员工入职后却无法有效开展工作。糟糕的数据质量往往会导致 SLA 失效。例如，若一个新员工的记录被错误地分配到已撤销的组织部门，那么可能不会触发相关的审批流程给招聘经理和其他领导。这种情况非常普遍，当组织重组时，通常会在系统里保留原有的组织部门名称。

 注释：

> 我工作过的组织，都会对所有员工发放包括下面类似问题的调查问卷："公司的流程能使我有效工作吗？"该问题在调查中总会收到最负面的反馈。在研究具体反馈内容时，我发现较大比例（约 30%）与数据质量问题有关。

表 1.1 是当问题数据导致 SLA 失效时，对组织的进一步典型影响。

表 1.1　服务水平协议（SLA）失效的影响和示例

典型影响	示　例
影响是多方面的，具体包括以下内容： ● 员工不满。当完成工作所依赖的流程耗时超过应有时长，会令人沮丧 ● 不能按时建立业务关系（例如供应商、客户或员工） ● 无法遵守与现有业务合作伙伴的合同期限 ● 错失良机——客户购买了竞争对手的产品	与供应商就提供某服务签订了合同。过去和该供应商签订过很多次合同，并且系统中已经有该供应商信息的多个版本。采购部门必须确定将合同与哪个版本的供应商记录相关联，这需要两周时间，而服务水平协议（SLA）规定的时间是 48 小时。由于没有接收到采购订单，供应商无法按时分配资源，相关资源被分配给另一个项目。而供应商还需要 4 周时间才能安排有相应技能的员工，这导致关键项目延迟 6 周

当问题数据导致流程出错时，还可能对流程执行预算产生影响。一个流程投入运转后，大家会对流程效率有一定的期望。通常情况下，领导者和人力资源专业人员在组建项目团队前不会检查数据质量水平。他们通常默认数据质量足够高，满足流程要求，不会为补救工作预留资源。当发现数据质量不符合目标时，就无法安排合适数量的人员，导致以下影响（见表 1.2）。

表 1.2　团队规模不合理的影响和示例

典 型 影 响	示　　例
• 团队成员必须在现有人员基础上扩充，以应对因数据质量差而造成的额外工作。通常情况下，增加雇佣人数或员工人数，成本往往要高出 30%~50% • 如果无法扩充团队，就会要求现有团队应对更高的需求。高压可能会导致缺勤以及更高的员工流失率。而重新招聘员工的成本很高（雇佣成本、培训成本、知识流失等）	一个业务部门的应付账款团队发现发票经常被错误地编码到另一个业务部门中。导致在月底流程开始之前，必须按照正确的部门重新手工编码 但月末的截止日期没有做相应调整；因此，团队需要努力加班完成工作

当流程意外地受到数据质量问题的影响，可能无法迅速扩充团队。在这种情况下，流程运行团队的工作重点就会被分散。他们必须在完成常规任务的基础上管理数据质量问题（见表 1.3）。

表 1.3　拥有糟糕的数据质量且无法扩充团队的影响和示例

典 型 影 响	示　　例
如果无法扩充团队，可能会出现以下情况： • 产品的质量可能会下降到无法接受的水平——导致业务伙伴的投诉或需要耗费额外的精力处理错误 • 流程的特定部分可能会被优先考虑，例如大客户优先于小客户。最终，因为部分客户传播不良体验而导致声誉受损	应付账款团队可以处理重点供应商的付款。重点供应商包括为生产制造提供原材料的供应商 然而，公用事业供应商没有被列入优先名单，且没有按时完成付款，导致断水断电。在问题解决之前，生产也被迫停止

表 1.1~表 1.3 提供了许多数据质量在流程和效率方面的典型影响。很多受到这些影响的人，在开始使用报告和进行分析时会再次受到影响。

2. 报告和分析的影响

报告的主要目的是以一种向用户快速传达相关信息的方式提供汇总数据，帮助用户做出决策或帮助他们开展日常活动。汇总数据通常意味着报告的最终用户并不是发现数据质量问题的最佳人选。利益相关方的级别越高，他们就越难以发现数据中的漏洞，因为他们看到的是最高级别的汇总数据。

例如图 1.1 显示了 2010 年英国道路交通碰撞事故的数量（来源：https://www.kaggle.com/datasets/salmankhaliq22/road-traffic-collision-dataset）。

2010 年 11 月看起来是碰撞事故最少的月份之一。当然 12 月更少。然而，实际情况是

2010 年 11 月有整整一周的数据都被删除了，但报告的最终用户不可能知道这一点。图 1.2 是正确的图表。

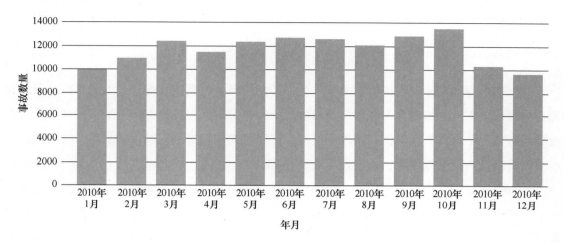

图 1.1　英国道路交通碰撞事故图（2010 年 11 月有数据缺失）

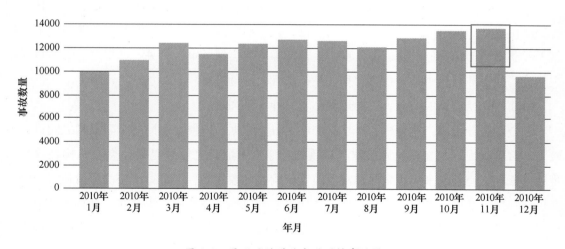

图 1.2　更正后的道路交通碰撞事故图

在这里我们可以看到实际上 11 月是一年中最糟糕的一个月。对最终用户来说，这组数据中还可能存在其他难以发现的重大数据质量问题。例如可能缺失某个地区的全部数据，一些碰撞事故可能被错误地划分到其他地区等。

所有这些问题都可能导致决策失误。例如英国交通部可能会决定每年 10 月在主要道路上禁止某些类型的道路施工，而在 11 月追赶施工进度。这可能导致 11 月的交通事故大幅增加，而这个月实际上已经是全年中最差的月份了。

除了上述流程和报告方面的影响之外，问题数据还可能导致企业在遵守当地法律法规方面举步维艰。让我们来探讨一下合规性问题可能带来的影响和风险。

3. 合规影响

数据质量问题会影响任何组织的合规性，即使是那些不受监管的行业。大多数公司每年都会进行财务审计，那些存在数据质量问题的公司会发现这一过程充满挑战。外部审计师的流行做法是评估内部系统、流程和控制机制，并尽可能依赖这些控制机制。审计师会测试这些控制机制是否在有效运转，而不是检查基础记录。

过去，审计师会执行他们所谓的实质性审计，他们会试图查阅文件，以验证账户中某特定数字的合理性。例如若应收账款（其他公司所欠款项）为 100 万英镑，审计师应查找到总额约为 60 万英镑的发票，并检查它们是否入账（也就是记账期末未到账）。如果满足要求，将使他们对总计 100 万英镑的应收账款余额充满信心。

在现代审计中，当发现控制机制不能有效运作时，审计师将放弃依赖控制机制，转而进行实质性审计。这大大增加了审计费用，也消耗了组织的内部资源。在最糟糕的情况下，如果无法获得足够相符的审计证据，事实上审计师可能会保留审计意见。如果这种保留意见出现在公司的财务报表中，对投资者来说是一个巨大的危险信号。

然而，在受监管的行业，公司还面临着另外一系列挑战。

在金融服务行业，监管机构要求提交特定分类数据，以便在不同的金融机构之间进行比较。其目的（尤其是在雷曼兄弟破产导致的全球金融危机之后）是确保金融机构在放贷时足够谨慎，以避免未来出现金融混乱。监管机构收到数据后，会进行严格的质量检查，经常会退回提交的数据并要求金融机构修改。如果监管机构发现某个组织存在不良行为，他们将加强对该组织的监督。如果监管机构对该组织的管理缺少信心，甚至可能要求金融机构在资产负债表上保留更多的资本（即减少放贷和盈利的金额）以加强监管。银行监管机构甚至为其行业引入了关于数据治理的具体规定。在欧洲，巴塞尔银行监管委员会（Basel Committee for Banking Supervision）制定了一项标准（BCBS 239），主题是"有效风险数据汇总和风险报告原则"。其中包括"治理、准确性和真实性、完整性、及时性"等原则。可参阅 https://en. wikipedia. org/wiki/BCBS_239。

在制药公司中，医药产品和设备受到美国食品及药物管理局（FDA）与英国药品和健康产品管理局（MHRA）等机构的严格监管。这些监管机构会多方面审查制药公司业务——

制造、商务、研发、质量保证和质量控制等。监管机构希望能够在公司不知情的情况下对其场所进行检查，数据是其中的重点审查项目之一。

例如偏差是制药公司数据模型的关键组成部分。任何可能影响患者治疗结果的状况，都是针对公司运营环节提出的问题。当生产过程和临床试验中出现问题，或者甚至 IT 项目未按计划进行时，都会出现偏差。监管机构将检查偏差，如果数据质量糟糕，监管机构可能会选择使用其法定权力来纠正这种情况。最严重的情况可能导致工厂关闭，并直到做出改善为止。这将给公司带来财务和声誉上的双重影响，但监管的初衷是确保人们的健康。制药公司的数据质量事关生死！

对于这些行业的企业来说，在审查水平和数据管理不善的风险等级双高的情况下，数据治理方面的投资往往会更高。然而，应该注意到，由于执行工作所需的文档和合规性方面的等级要求，这些组织中的数据提升计划通常进展缓慢。

在现代经济中，越来越多的组织不再将数据仅仅用于流程、报告和合规性。我们已经介绍了问题数据对这些领域的影响。如果企业的目的是通过把数据纳入产品或将数据本身作为产品来创造或增加收入，那么问题数据造成的后果可能是灾难性的。

4. 数据差异化影响

利用数据创收的企业大幅增长。例如数据本身就是一种产品（或产品的一部分），比如英国医生办公室（全科医生诊所）的数据库，由所属公司维护更新，并出售给制药公司，以帮助他们建立销售渠道和联系方式。

企业经常将数据用作客户差异化体验的一部分。例如线上零售商基于历史订单的算法向客户推荐相关商品。如果购买记录不完整，推荐就会失去相关性，那么购买下一个商品的顾客会很少。

当数据本身成为产品或产品的一部分时，数据质量会接受最严格的审查。因为不再只是你的组织会受到数据质量的影响，你的客户也将受到直接影响，这会导致客户投诉、收入减少或声誉受损。如果你销售一系列的数据产品，产品质量欠佳可能会影响所有数据产品的销售！

最后，也可能是最严重的，当业务合作伙伴（客户、供应商或员工）接触到贵公司糟糕的数据时，存在曝光问题和进入公众视野的风险。随着社交媒体的普及，有影响力的人发布的一个相对片面的数据质量问题，可能会损害贵公司的声誉，给人留下难以合作的印象。例如某公司商务团队在与多个客户进行报价时，不同的客户会有不同的报价。而源系统的数据质量较差，为了获得完整数据，需要将系统导出的数据与电子表格数据相结合。将导出的数据拆分为不同的电子表单，以便分享给对应的客户。不幸的是，一位主数据分析师工作失误，将全部导出数据发送给了其中一位客户，从而泄露了其他客户的价格。这是一次重大的数据泄露事件，导致该名员工被解雇，客户关系也因此破裂，因为他们看到其他客户以更低的价格购买了同样的产品，同时他们对该公司管理数据的能力失去了信心。这件事虽然没有在社交媒体上传播，但业内广为人知，我看到另一家公司做数据培训时将它引用为反面案例。而对于个人数据来说，同样可能发生类似的错误，导致违反《通用数据保护条例（GD-PR）》，并会带来经济处罚以及被动的媒体关注。数据质量问题可能需要手动修复数据，而手动修复可能会进一步导致其他错误。像这样的错误可能会毁掉一个企业。

对于我们所描述的上述各种负面影响，一开始很难理解是如何产生这些问题数据的。而了解组织中如何发生这种情况是非常重要的，这样可以做出有意义的改变，避免将来重蹈覆辙。

1.3　产生问题数据的原因

任何影响都可能对组织造成严重损害。没有哪个组织会故意降低数据质量。那么最终组织又是如何终止其影响的呢？组织是如何过度忽视数据，以至于再也无法实现业务目标的呢？

1.3.1　数据文化缺失

成功的组织会尝试建立一种全面的数据文化。每个人都会接受数据管理基础知识，以及接受高质量数据重要性的教育。这样他们在执行日常任务时，会用到所学到的知识。这通常被称为促进良好的数据素养。

建立强大的数据文化，是确保数据维持在可接受的质量水平，进而成功实现企业目标的关键基石。数据文化包括每个人如何看待数据。许多领导者会说，数据是我们的资产，但这只是一种较为肤浅的认知。道格·兰尼（Doug Laney）在《信息经济学》（Infonomics）一书中对此做出了最好的解释：

"考虑一下贵公司针对有形资产完善的供应链和资产管理活动，或者贵公司的财务管理和报告准则。'信息资产'是否有类似的会计核算和资产管理措施呢？大多数组织都没有。"

兰尼提出了一个有趣的观点。会计准则允许企业对无形资产进行估值，如专利权、著作权和商誉。这些资产被记录在资产负债表上，随着时间的推移，因其价值减少而折旧。我们为什么不能对数据采取同样的做法呢？如果数据有价值，那么防止其贬值的计划就会更受欢迎。

我们将在后面的章节中讨论这个问题，而目前，建立数据文化是力争良好数据质量的关键基础。许多组织都声称要将数据视为资产并建立数据文化，但却没有采取实际行动来实现这一点。

1.3.2 流程处理速度优先于数据治理

业务流程的速度与该流程所涉及的数据治理水平之间总是存在争议。治理和管理数据的工作往往被视为繁文缛节。

有时，对高速流程的渴望会与管理规则的执行发生冲突。当流程所有者把流程控制在一定的天数或小时以内，甚至会获得奖金激励。在这种情况下，流程所有者可能会要求简化数据录入流程并取消管理规则。

短期内，这种做法可能会提高端到端流程的速度。例如在采购方面，原始需求可能比以前更快地转化为采购订单。但是（如图 1.3 所示）缺少录入规则检查的快速流程将导致数据质量低下（方框 1），这是一种不可持续的做法。

在所有类似情况下，组织都会经历我们所说的数据和流程故障，即图 1.3 中可怕的方框 2。原始数据录入流程现在很快，但后续流程却遭受严重的不良影响。如果在初始流程中没有准确收集供应商的银行账户信息，那么付款流程将无法顺利完成。应付账款团队必须联系供应商，索取正确的账户信息。如果没有收集到供应商的正确联系方式，还得先寻求联系方式，该团队才能开始自己的工作。如果是一家供应商，也只是会令人沮丧而已，但对于拥有数千家供应商、可能有数百万笔支付款项的大型企业来说，流程通常都是高度自动化的，像这样的漏洞就会成为众矢之的。

在建立新流程时，大多数组织从方框 3 开始，即已建立了各种规则，但效率低下。例如在基于电子表格的表单中设置规则，但该表单在数据录入系统前，必须经过三个人的审核。有些组织（通常是受监管行业）进一步向右移动，进入方框 6，在这种情况下，数据治理导致流程更加烦琐，流程所有者无法忍受而不得不采取行动。这通常会导致退回到方框 1，即流程所有者要求其团队成员违背数据治理规则，牺牲数据质量以换取流程速度。这再次使得数据和流程的问题场景成为焦点。

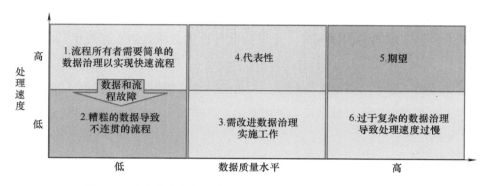

图 1.3　流程速度与数据质量的平衡——避免数据和流程失败

　　通过技术手段，组织倾向于向方框 4 移动。例如在输入数据时，添加一个可以校验数据的 Web 表单，并把有效数据保存到底层系统，同时视具体情况自动发起审批。随着时间的推移，这些流程得到改进，就有机会进入方框 5。例如通过增加对邓白氏等公司数据库的查询，只收集那些得到外部认证的供应商数据，包括供应商风险详情和公司所有权细节等附加属性。在理想情况下，良好的主数据管理有助于提高流程速度，否则很难实现。

　　在这个模型中，当发生重大的组织机构变革时，组织地位也可能会随之发生重大变化。这些变化包括组织机构重组导致的数据管理角色的取消，或是与其他组织合并。

1.3.3　合并与收购

　　在并购场景中，往往需要将两个不同系统的数据整合到一起。例如将两个不同的 ERP 系统的数据迁移到一个 ERP 系统中。

　　通常情况下，由于存在跨多个记录系统运行合并业务的困难，以及维护旧系统所需的成本，均会导致这些项目的计划日程极其紧迫。

　　当数据迁移的时间紧迫时，典型的问题如下：

● 两个不同的源系统数据未进行去重处理。（例如两个原系统存在相同的供应商，但在新系统中分别创建了副本。）

● 数据按原样迁移，未经调整即在新系统中运行，而新系统可能有不同的数据要求。

- 一个或多个旧系统中的数据质量较差，但在项目期限内没有时间对其进行改善。

合并后，通常需要投入大量时间和资源来统一系统和流程，其中包括数据迁移过程。如果在迁移过程中遇到此类问题，并在新系统中产生了问题数据，常态下很少有组织会为解决这些问题预留预算。

1.4　本章小结

在本章中，开始部分探讨了问题数据对组织及其员工的影响。解释了一个组织是如何无意识地在数据质量方面陷入了不利境地。我希望这些话题能引起共鸣，并帮助读者了解这些组织是如何走到这一步的，以及在组织当前和未来的经营中可能会遇到的障碍。

第 2 章将讲述在着手改进数据质量前，需要理解的一些数据质量的关键概念。该章还会概述本书主要介绍的数据质量管理方法。这个方法构成了本书后续的大部分内容——每一章都代表了该方法的一部分。

第 2 章

数据质量原则

第 1 章描述了组织因糟糕的数据质量遇到的问题。从本章开始，将重点讨论如何面对这些问题，并以可持续的方式解决问题。

本章概述了整个方法，随后的每一章分别探讨了该方法中每个阶段的要点。

本章提供了大量的背景和语境信息，包括解释数据治理和数据质量在解决问题数据中所扮演的角色、与数据质量工作相关的公认原则和术语，涉及的主要利益相关方和需要他们提供帮助的详细信息。

在本章中，我们将讨论以下主题：

- 在更广泛数据治理背景下的数据质量。
- 公认的数据质量原则和术语。
- 数据质量方案牵涉的利益相关方。
- 数据质量改进周期。

阅读完本章，希望读者能了解数据质量方案整体是如何运行的，并有兴趣详细了解其中的每个阶段。

2.1　在数据治理背景下的数据质量

在详细解释数据质量方案的所有要素之前，重要的是要认识到，数据质量最好与数据治理相关举措一起开展。

　　数据质量可以作为一项独立活动来实施，但与数据治理活动相结合会带来更多好处。以下各节概述了数据治理的方方面面。

2.1.1　数据治理作为一门学科

　　本节的重点是数据治理，但有必要解释一下，数据治理实际上是"数据管理"这个大概念的一部分。数据管理涵盖组织内处理数据的所有方面。数据管理包括以下内容：

- 数据质量。
- 数据隐私。
- 主数据管理。
- 数据仓库和商业智能。

　　DAMA 英国在数据管理知识体系指南（DMBoK）中对数据管理进行了全面解释，可从其网站 https://www.dama-uk.org/ 获取更多详情。

　　数据治理是数据管理的一部分，是数据管理各个方面的基础。不过在本节中，我将只提及数据隐私和主数据管理（MDM）两方面内容，它们与数据治理相关，但并不是数据治理的一部分。

　　本节的目的不是要详细介绍数据治理及其相关概念。本章的目标是提供对该学科的充分了解，以便你能够理解数据质量在其中的地位，以及数据治理如何在数据质量举措中发挥作用。

注释：

　　数据治理指的是组织的人员、政策、流程和工具的集合，以确保数据满足其创建和存储的目的。

　　通过简单的互联网搜索，我们可以找到很多数据治理的定义，它们都与上述定义非常相似。数据治理作为一门学科已经存在很长时间，随着时间的推移，各种定义之间也有了一定程度的相似性。

　　有时数据治理似乎是一门理论性很强的学科。在某些组织中，数据治理方法可能是乌托邦式的——即实际情况与制定的政策和流程几乎完全不相符。对于那些以这种方式看待数据治理的人来说，本章介绍了一个可以全方位解释数据治理的情景。这个情景应该有助于将数据治理概念与现实世界联系起来。

1. 数据治理场景示例

本节首先简要介绍了一个示例情景，后续在解释数据治理的每个要素时，我都会参考该示例。

该情景中一家公司为各种机动车生产发动机。发动机容量各不相同，小到 100 毫升容量的小型卡丁车发动机，大到各种摩托车发动机。客户群包括：

- 直接销售的卡丁车赛车队。
- 直接销售的摩托车车主。
- 卡丁车赛车店。
- 摩托车经销商。

公司通过在线以及现场销售人员收集客户的详细信息。然后将客户信息输入客户关系管理系统（CRM），并自动同步到企业资源规划系统（ERP）中。

2. 情景需求、拟议解决方案和挑战

示例企业中的高级营销领导希望通过增加直销的方式来提高销售额，理想的方式是通过电子渠道（电子邮件或社交媒体）来最大限度地降低媒体印刷成本。他们利用电子邮件鼓励个人和企业在社交媒体上发布公司相关信息，作为回报，最佳帖子将获得公司的奖励（例如贴纸、海报和服装，其中一些有知名赛车手的签名）。

该企业已经创建了一个数据平台，旨在成为数据需求的单一真实来源。该平台包括数据湖和数据仓库，并与数据可视化工具连接。

该企业鼓励其营销团队从平台获取和使用数据，主要有以下两个原因：

- 通过分析数据来决定哪些客户应该参与市场营销活动以及参与的力度。相比记录系统（ERP 和 CRM），使用数据平台相关的工具能更有效地进行数据分析。
- 数据分析过程需要处理大量数据，担心记录系统（ERP 和 CRM）的性能会因此降低。每天从源系统更新数据平台的数据，可以降低这种风险。

当营销团队采用这一建议时，他们很快遇到了问题。问题在于，在他们分析的记录中，只有约 4% 的记录保留了可用于电子营销的有效联系方式。营销团队缺少有效的电子邮件地址。客户甚至故意输入错误的电子邮件地址。

3. 数据治理如何为我们的场景赋能

在这种场景下，数据治理的很多方面都可以帮助我们应对这项挑战。首先是数据所有权。

4. 数据所有权

数据所有权是指在一个组织中确定一个人对某项数据（如客户）负责。数据所有者被赋予一系列角色和责任，责任是这些所有者改进其所在领域数据的"推动力"。

在发动机制造商的示例中，客户电子邮件地址可能归销售部门所有。销售主管是数据所有者，对数据负责。

由于该企业没有明确记录数据所有权，在经历了相当长一段时间的不确定性后，营销团队联系了销售主管。销售主管（作为数据所有者）对于有效电子邮件地址的比例如此之低感到惊讶，并开始着手调查。

调查发现，营销团队没有从数据平台中选择正确的字段。在这种情况下，如果有适当的数据定义，使用错误字段的情况完全可以避免。

5. 数据定义

数据所有者的主要职责之一是确保其负责领域的数据目录拥有高质量的数据定义。

这些定义应详细、具体，任何在多个定义中使用的术语都应该统一。例如始终应该区分收入或销售额，两者不能混淆使用。

在发动机制造商示例中，实际上有 5 种不同的客户电子邮件地址定义，适用于不同类型的客户：

- 对于直销客户，只有一个电子邮件地址字段。这种通常适用于只需要一个电子邮件地址的个人或小型组织。

- 对于更复杂的企业渠道客户，会出现 4 个不同的电子邮件地址：
  ◆ 用于应收账款的电子邮件地址。
  ◆ 用于销售和营销的电子邮件地址。
  ◆ 用于客户服务的电子邮件地址。例如当客户的发动机出现问题时，客户服务部门通过此邮件地址与客户沟通。
  ◆ 用于送货的电子邮件地址，例如在可以安全接收的时间安排送货到某个地点。示例中公司生产的发动机成本很高，因此大批量销售的产品都是通过预约交付的。

客户关系管理系统包含标有 Email address 1、Email address 2、Email address 3 和 Email address 4 的字段。数据定义提供了足够的内容，让我们了解其中的区别。表 2.1 是这些定义的示例。

表 2.1　数据治理的数据定义示例

CRM 系统字段	范　围	业务名称	数据定义
Email address 1	直销客户	电子邮件地址	该字段是与客户通信时使用的电子邮件地址 对于在线客户（通常是订购数量少于 5 台的小型卡丁车队和摩托车车主），这是唯一的电子邮件地址。它有多种用途。用途如下： • 联系销售发票及其付款事宜 • 推广产品和优惠信息，以及与订单相关的联系方式（送货通知和退货信息）
	企业渠道客户（商店和经销商）	用于应收账款的电子邮件地址	该字段是用于获取与客户跟进付款事宜的电子邮件地址 对于通过企业渠道订购的大客户，则由销售人员在客户关系管理系统中手动输入 这些数据仅用于就销售发票和付款事宜与客户联系
Email address 2	企业渠道客户（商店和经销商）	用于销售和营销的电子邮件地址	该字段是用于获取与促销产品、提供优惠或与客户讨论潜在交易事宜的电子邮件地址
Email address 3	企业渠道客户（商店和经销商）	用于客户服务的电子邮件地址	该字段用于获取在客户提出召回或服务请求时，与客户取得联系的电子邮件地址 销售人员在客户关系管理系统中手动输入，也可以在创建服务申请单时由客户输入

（续）

CRM 系统字段	范　围	业务名称	数据定义
Email address 4	企业渠道客户（商店和经销商）	用于送货的电子邮件地址	该字段是用于获取与客户沟通送货（或退货时的收货）事宜的电子邮件地址 销售人员在客户关系管理系统中手动输入 该电子邮件地址属于客户地点范畴。这意味着每个客户可以拥有多个送货电子邮件地址，每个送货地点对应一个电子邮件地址

在表 2.1 中，客户关系管理系统只记录了 4 个电子邮件地址字段，但却有 5 个数据定义。这是因为直销客户对 Email address 1 字段的业务用途差异很大，因此必须将其作为一个单独的定义。在这种情况下，数据定义的范围对于用户理解定义至关重要。

示例中，在数据所有者要求进行的调查中发现，数据平台包含所有电子邮件地址字段，但营销团队在数据平台中只找到了 Email address 2 字段。

为使本例更易于理解，表 2.2 概述了每个电子邮件地址字段的数据状态。

表 2.2　某发动机制造商电子邮件地址数据完整性示例

客户类型	字　段	完整性	备注评论
直接销售（10500 个客户）	Email address 1	100%	用于订单、发票和送货电子邮件所需的信息
企业渠道（1500 个客户）	Email address 1	72%	相对完整
企业渠道（1500 个客户）	Email address 2	30%	销售团队没有定期收集这些信息
企业渠道（1500 个客户）	Email address 3	35%	销售团队没有定期收集这些信息
企业渠道（1500 个客户）	Email address 4	80%	在所有客户中，80% 的客户至少一个位置拥有有效的电子邮件地址

仅使用 Email address 2 字段意味着营销团队的完成率仅为 3.8%。计算方法是查看客户总数（10500 名直销客户加 1500 名企业客户），并了解到 1500 名企业客户中只有 30% 在该字段中有值（计算总体完整率的方法是 450 除以 12000）。

数据所有者团队可以通知营销团队查看 Email address 1，这样完整度的计算结果变为 91%，营销团队会对这一结果更加满意。

然而，数据所有者又提出了一个新问题。虽然数据隐私不被视为数据治理的一部分（属于更广泛的数据管理范畴），但数据所有者往往对这项工作也有浓厚的兴趣。作为客户主数据的所有者，他们也要考虑客户数据隐私需求，并要求进一步调查同意接收销售和市场营销推广邮件的直销客户的比例。

6. 了解如何使用数据

数据所有者有责任与消费者沟通，了解消费者数据的使用情况。如果数据使用不当，他们需要提供指导。包括两方面含义：

- 必须制定程序，通知关键利益相关方他们感兴趣的数据所涉及的重要活动。
- 必须围绕数据如何使用或禁止使用，制定符合当地法律法规的策略。

将这些策略反映在数据目录中。有关这方面的详情，请参阅后续的数据目录部分。

在发动机制造商示例中，考虑到需要给大量客户发送营销电子邮件，于是数据所有者提供了关于数据隐私责任的进一步输入。数据所有者要求在数据分析中再引入两项检查：

- 在每条直销客户记录中，检查营销同意标识（CRM 中的另一个字段）是否已被标记为"Yes"。
- 检查客户所在国家的法律法规是否允许电子邮件促销。

完成这些检查后，因为只有 6510 名直销客户同意营销，因此可联系客户的比例下降到 58%。虽然市场团队需要重新考虑他们的假设，以评估活动是否会成功，但是他们至少可以避免违反当地与隐私相关的法律法规（面临罚款风险）。

7. 数据目录的组成部分

前面分别介绍了数据定义和数据使用，它们是更广泛的数据治理概念的一部分，即数据目录。数据目录还包括以下其他关键要素，见表 2.3。

表 2.3　数据目录的关键要素

要　素	说　明	重　要　性
字段状态	概述哪些是必填字段，业务必填字段或可选字段 业务强制性是指如果有数据就应该提供，但也可能没有对应数据。如果企业注册了增值税，就必须提供增值税号，但如果没有注册，就无法提供这些数据	定义哪些是必填字段，为有关数据完整性的验证、培训和数据质量规则提供基础
数据域	组织中拥有该数据类型的部门。例如客户数据归销售团队所有	这对于确定由哪位数据所有者对此项目负责非常重要
数据标准	字段级别的数据标准将详细说明应如何获取字段中的数据。例如 "Customer name" 字段的标准可能是 "公司全称，与所在国家注册公司的合法名称一致"	数据标准可以成为数据质量规则和流程文件的基础，用于培训往系统中输入数据的相关人员
字段长度和数据类型	有些数据目录会包含字段的预期长度和数据类型。例如客户名称必须小于或等于 35 个字符，并应采用文本格式	从规则和培训的角度来看，这也很有价值 然而，数据目录通常不包括这一点，因为数据目录的目的通常与系统无关。换句话说，企业可以不受特定技术的限制，自行定义数据的使用方式 当数据在系统中创建完成，会被 "元数据管理工具" 扫描。这些工具连接到客户关系管理系统或企业资源规划系统等数据源，并采集所有字段及其长度、数据类型等信息

数据目录应成为组织 DNA 的一部分。对于数据目录的存在应该有高度的认知（可以定期通过针对新员工的强制性培训来推动）。

在笔者看来，目录的运行方式应该像维基百科。任何人都可以提交对要素的更改，比如定义。然后由适当授权的人员对变更进行复核，如数据管理员（本章稍后将解释这一角色）。如果不正确，可以拒绝更改；如果正确，可以批准并采纳。根据我的经验，如果严重依赖少数人编写数据目录内容，该目录就不会受到广泛的发展和使用。

2.1.2 节　数据治理工具和主数据管理将概述元数据管理工具如何将数据目录概念付诸实践。

回到发动机制造商的例子，如果组织内有数据目录，那么营销团队就能做到以下几点：

- 尽早了解与谁讨论数据，因为数据目录包含了数据所有者和数据管理员的姓名。
- 了解有多个不同用途的电子邮件地址字段。

8. 数据模型

大多数数据治理方案都包括创建概念数据模型。该模型与系统无关，是组织中不同类型数据如何相互关联的业务图示。

模型中应该包括以下内容。

- 数据的关键业务"实体"，如客户、地址、订单、产品、产品类型、供应商、员工和交付物。
  - ◆ 不同实体之间的关系，例如：
    - ○ 一名客户可能有以下情况。
      - ■ 多个送货地址。
      - ■ 多个订单。
      - ■ 多个交付物。
    - ○ 一种产品可能具有以下特征。
      - ■ 多个订单。
      - ■ 一种产品类型。
      - ■ 一个供应商（假设不是可以从多个供应商处购买的通用产品）。
- 该模型有助于确保使用者充分了解数据在组织内部的结构。继而有助于数据工程和可视化以及系统设计。至关重要的是，它还有助于确保在充分理解的基础上做出数据设计决策。

回到发动机制造商的示例，数据模型明确了每个客户有多个送货地址。字段 Email address 4 位于送货地址实体上，而不是客户实体上，该字段的用户可以清楚地看到，客户的每个送货地址至少应有一个电子邮件地址，只在客户实体上有一个电子邮件地址是不够的。

9. 高效、治理良好的数据管理流程

数据治理的一个关键部分是管理数据的创建和更新方式。通常，这些流程被称为 CRUD 流程（指创建、读取、更新和删除）。表 2.4 通过一个示例解释了每个流程的含义：

表 2.4　主数据管理中对 CRUD 的解释

CRUD 组件	说明和示例
创建	业务流程完成后，需要创建新的数据来支持该流程。例如签订合同之后，需要在 CRM 系统和 ERP 系统中创建新的客户记录
读取	系统中的数据在分析流程或下游业务流程（如销售订单）中无须更改即可使用
更新	随着时间的推移，记录可能会过时，或者可能会添加新的字段，这就需要对客户数据进行更新。更新记录包含许多不同的方面。它可以是对记录的简单更改，也可以涉及在系统中阻止或解除一笔交易记录。例如在客户存在付款问题的情况下冻结该客户，或为已结清欠款的客户解除冻结
删除	数据删除包括关闭交易活动，出于税务或业务分析原因（例如一段时间的销售趋势数据），将数据保留一段时间之后，从系统中物理删除 实际上，真正的删除并不常见。常见做法是标记记录，以便将来删除，但从未真正从系统中删除数据。这有时是因为保留期，意味着从标记删除到实际删除之间有很长的时间间隔，而实际删除的操作通常会被遗忘 例如当不再与客户进行交易时（也许客户已经停业），可能会在保留期后删除数据

在数据治理方面进行投资的组织，应努力确保对这些流程进行适当审查，并根据其特定需求进行有效设计。流程审查需要考虑以下方面。

- **流程中需要互动的不同角色**：例如客户数据通常需要客户、销售团队（与客户商定的合同条款细节）和财务团队（信用额度）的审核确认，然后才能被完全激活。

- **人员培训**：组织内外的人员都需要得到充分的指导，以便能够在第一次使用时输入有用的数据。内部用户需要了解培训对组织成功的重要性。

- **在输入时验证数据**：例如通过检查以确保所有必填信息有效。

- **建立数据审批流程**：例如销售部门可能会为客户拟定一个信用额度，但需要财务部门审批。数据管理团队也可以审批每条记录，以确保其符合相关政策和标准。

- **需要接收数据的不同记录系统**：在任何组织中，数据都需要流转到不同的系统，然后交易才能充分发挥作用。例如客户信息需要输入到客户关系管理 CRM 系统，但也需要输入到企业资源规划 ERP 系统，以便处理客户的付款和适当分配库存。

- **重复检查**：在系统中创建新数据时，必须避免重复。如果存在重复记录，客户体验就会受到负面影响。客户可能会发现，企业的每份账单只显示了部分交易，他们不得不将这些信息拼凑在一起。

回到第 1 章中的图 1.3，平衡验证、治理检查和数据处理速度三者的关系非常重要。如果速度优先于治理，那么就会导致数据质量恶化；但如果治理优先于速度，最终流程的参与者和所有者就会刻意规避治理。无论哪种情况，最终都会导致糟糕的结果。

在发动机制造商的例子中，对数据流程的投资可以让营销团队的需求变得更容易：

- 在示例中，企业客户用于销售和营销的电子邮件地址字段完整性非常低（30%）。销售团队根本没有定期收集这些数据。
- 现在，大部分组织对这些信息有了明确而强烈的目标。
- 可以对销售团队进行培训，使其认识到信息的重要性，当数据录入不完整时，保存数据的同时发送提醒信息，从而加强数据创建流程。不过，因为企业客户有权利拒绝提供电子邮件地址，因此不可能通过错误提醒消息来阻止数据的保存。

该组织 CRUD 流程的另一个考虑因素是可以使用主数据管理工具，确保客户数据有一个单一的真实来源，涵盖 CRM 和 ERP 系统中的所有字段。目前，客户数据同时存在于两个系统中，CRM 系统侧重于联系方式和销售数据，而 ERP 系统侧重于库存分配、交付和客户付款信息。这可能导致以下复杂情况：

- 同一客户有不同的系统 ID。
- 两个系统中都存在的字段，在一个系统中更新，而在另一个系统中却没有更新，从而导致同步问题。

本节后续将介绍可支持数据治理的各种工具。此外，还将更详细地介绍主数据管理。如前所述，它不是数据治理的一部分。数据治理定义了所需的流程，然后主数据管理活动将其自动化。这是一个很好的例子，说明数据治理为其他相关领域奠定了基础。在本节中也包含主数据管理的内容，因为数据质量和主数据管理密切相关。

10. 数据策略

数据策略与数据流程密切相关，是数据治理的基础要素。数据所有者利用这些策略来传达对其所负责数据的意图和期望。

不同组织所需的数据策略会有所不同。表 2.5 列出了一些组织成功实施的策略。

表 2.5 各组织的重要数据管理策略

策　　略	详 细 信 息
重复数据	明确定义什么是重复记录 许多人认为，只要说明不允许重复就足够了 不幸的是，很多组织中的定义通常比这个更微妙 在我工作过的一个组织中，有一家供应商既提供实物产品，同时也需要支付场地租金。当实物产品供应合同终止时，供应商在系统中就会失效，租金支付也会停止。这导致场地上水电供应设备被切断，业务从而受到影响 在此之后，重复策略调整为：将包含两种完全不同业务的同一供应商视为两个供应商
活动/沉寂数据 （非活动数据）	该策略定义了何时应将特定类型的数据视为沉寂数据。如果组织已经 18 个月未向某供应商订货，6 个月未向该供应商付款，并且与该供应商之间没有剩余的未结账款，那么可依据策略将该供应商定义为沉寂的供应商 策略还规定了当记录被视为非活动时应采取的措施。例如记录应被锁定或标记为"待删除"
保留	该策略与前述策略相关，规定了不同类型数据在组织中的保留时间 沉寂记录应在规定期限后彻底删除，具体期限可由税法或其他法规规定
数据质量	数据质量策略应定义以下内容： ● 组织对数据质量的广泛期望，例如每个人都要对自己能够影响的数据负责 ● 如何管理数据质量问题，例如何时应将问题上报 ● 数据质量问题管理的角色和责任

表 2.5 中列出的策略可作为数据质量要求的基础。例如从数据质量修复角度，第二条策略可以用于识别沉寂数据。

重复策略将有助于确定一套数据质量规则，用于识别潜在的重复记录。

再回到发动机制造商的例子，活动/沉寂数据策略有助于识别不再活跃的客户。然后可以决定是否向他们发送营销内容，重新建立客户关系。另一种选择是接受这种关系已经结束的事实（或许他们已经倒闭了）。

11. 已知的数据质量

当然，数据治理的一个关键部分是确保数据质量至少是已知的，最好是随着时间的推移得到改善，以避免对业务产生负面影响。

回到发动机制造商的例子，由于企业没有数据质量度量能力，营销团队不得不自己分析，发现只有 58% 的记录可以成为营销目标。这是因为客户数据中缺少电子邮件地址数据，而且没有征得客户同意。如果有适当的数据质量度量流程，数据的质量本应是已知的，从而可以进行适当的前瞻性规划。营销计划本应能够预见到这一点，并将数据清洗工作纳入计划。

由于本书的重点是数据质量，对数据治理的人员、流程和策略要素的探讨到此结束，还剩下一个方面需要考虑，那就是技术。

2.1.2 数据治理工具和主数据管理

前面的章节介绍了数据治理的人员、流程和策略等几个要素。还有一个要素是工具的使用。虽然我认为工具是数据治理取得成功的一个基本要素，但必须要强调，只有与其他元素一起使用，才能将工具的价值升华。

接下来，我们将探讨市场上广泛使用的数据治理和主数据管理工具。

1. 数据质量工具

在本节中，不会详细讨论数据质量工具如何融入数据治理方案。本书的大部分内容都是关于这方面的（尤其是第 5 章和第 7 章），因此本节过多的叙述会显得多余。不过，需要说明的是，如果不在人员、流程和策略方面采取适当的行动，数据质量工具就无法带来积极的结果。

例如在没有明确界定数据所有权的情况下实施数据质量工具，可能会导致以下后果：

- 可以确定数据质量规则，但没有人决定优先考虑哪些规则。
- 可以确定需要改进的数据领域，但没有人会从其他活动中抽出资源，用于数据质量补救工作。
- 缺乏高层支持，无法获得数据质量方案的预算审批。

这进一步说明了数据定义存在的重要性。不能说良好的数据定义是成功实施数据质量工具的先决条件，但它们绝对有帮助。事实上，你会发现在定义规则时，大部分工作都是为了生成一个好的数据定义。下面是一个详细的例子。

- *某组织发现，离职员工的访问权限并未在所有 IT 系统中自动停用，存在安*

全风险。

- 创建一条规则，规定"Employee type"字段中状态为 L 或 P 的雇员，其雇员账户目录"status"字段中的状态必须为"0009"。

- 显然，如果没有更多的背景信息，这种对规则的技术性解释只对人力资源和 IT 系统专家有意义。

- 为了提供这种背景情况，需要编写一份设计文档来解释规则的业务目标，以及它在业务术语中的含义，如下示例。

  ◆ **Employee type**：员工类型，人力资源部门用于了解员工与组织关系状况的字段。具体类型值是在职员工（A）、养老金领取者（退休员工）（P）、离职员工（L）、长期休假（EL）或辞职员工（曾经有过离职日期）（R）。

  ◆ **Status**：状态，员工账户目录中的状态字段由 IT 团队使用，用于显示该账户是否仍可登录组织的系统，以及单点登录底层应用程序是否仍正常工作。状态选项为 0001（激活）、0009（禁用）和 0002（仅限电子邮件）。

  ◆ 数据质量规则可识别所有处于 L（离职）或 P（养老金领取者）状态的员工，并在员工账户目录中识别其状态。

  ◆ 如果状态为 0009，则认为该行数据"合格"（通过规则校验）。

  ◆ 如果状态为 0001 或 0002，则认为该规则"不合格"。请注意，第二条规则可用于检查相反的情况，换句话说，从人力资源部门角度来讲，激活的员工的 IT 账户不能是"禁用"状态。

显然，由此可以很容易地推导出一个良好的数据定义，所以说，数据质量规则和数据定义是相辅相成的。

所举例子的重点是数据质量工具，以及这些工具如何得到业务概念的支持。而且，同样的原则也适用于主数据和元数据管理工具。下文将更深入地解释这些工具及其在数据治理中的作用。

2. 主数据管理工具

主数据管理工具通常是基于数据治理过程中定义的数据流程进行部署的。主数据管理工具是一种专业工具，旨在通过自动化的数据验证与其他系统有效集成的能力，改进主数据创建和变更流程。主数据管理工具通常被用作主数据的唯一真实来源。

根据企业不同的需求，主数据管理工具可在不同场景下运行。下文将介绍几种不同的主数据管理实施方案。

3. 中心式主数据管理

在这种模式下，创建和更新主数据的整个流程都由主数据管理工具以半自动化的方式进行管理。以前，一家企业通过主数据管理工具实现供应商主数据管理，其流程步骤如图 2.1 所示。

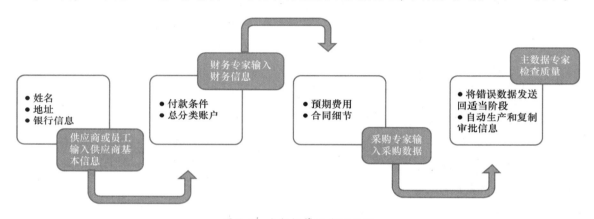

图 2.1　主数据管理流程示例

这项工作始于一个定义明确但缺乏自动化的现有流程。数据首先输入在 Microsoft Excel 电子表格中，提供数据的各方通过电子邮件发送数据。最后一步是主数据管理员的数据录入过程，他需要将 Excel 中的数据剪切并粘贴到记录系统中。由于前面的过程缺乏验证工作，几乎没有数据能在未经修正的情况下输入系统——不想回到该流程起点的主数据管理员会这样来解释。

主数据管理工具可将批准的数据自动发布到记录系统中，并在输入点应用所有系统验证，避免输入系统的数据在使用过程被拒绝。这大大提高了流程速度，节省了宝贵的人力成本。

主数据管理工具还可用于将数据复制到多个接收系统。例如两套 ERP 系统以及合同和供应商关系管理系统都需要相同的供应商数据副本。

实际上，把主数据管理工具作为中心主数据第一入口点，由第三方提供大部分数据的情况（如供应商或客户），已变得不那么常见了。SAP Ariba 等基于云的采购工具和 Shopify 等电子商务平台在收集主数据方面已变得越来越强大。它们不仅使供应商或客户的数据收集过程变得简单，而且还能利用外部数据源验证数据。例如在输入电子邮件地址、银行详细信息和邮政地址时都会进行验证，并向输入数据的人员提供错误或警告提示。以前，主数据管理工具可能是主系统，从供应商或客户那里收集数据并写入采购或电子商务平台。而现在，这一过程通常是相反的。这些平台收集数据并将其传递给主数据管理系统，主数据管理系统再以半自动方式收集内部信息（如图 2.1 中的采购和财务信息），然后将其分发到其他内部系统。

从数据质量的角度来看，这意味着在纠正数据问题时，仅针对主数据管理系统进行改进是不够的，还必须考虑云采购和电子商务平台（或任何实际上参与数据创建过程的平台）。

4. 整合场景

整合场景是指，需要在多个不同的记录系统中创建和更改数据，并将这些数据整合到一个单一的"黄金记录"中的情况。

如果一家企业在三个不同地区拥有不同的 ERP 系统，并由不同的主数据团队管理，那么至少在一段时间内，这些团队都能独立创建数据。这样可以确保他们能够对本地区的需求做出快速反应。

但是，企业仍然有单一数据视图的需求。例如通过单一视图，可以更好地与全球客户对话，全面了解该客户在三个地区的业务关系。也许该客户在亚太地区的采购额占其收入的比例远低于北美地区。要想让分析团队对此进行分析，必须有办法将不同地区 ERP 系统中的三个客户记录连接在一起。主数据管理工具可以执行匹配任务，并自动为共有客户记录分配一个共同标识符。

在"黄金记录"中可以获取有关客户的更多信息，这些信息对于 ERP 系统的交易并不是必需的，但有助于与客户建立整体业务关系。

在发动机制造商的例子中，数据被输入到 CRM 系统，然后复制到 ERP 系统。ERP 系统中很可能存在 CRM 系统中不需要的数据，例如，如果企业需要退款，则需要客户的银行账户信息，或者需要将客户信息与总账进行核对。

可以使用主数据管理工具来管理创建客户的整个过程。客户可以访问一个与主数据管理工具链接的网页，并输入数据。为了让客户在第一次尝试时就输入正确的数据，还需要进行输入验证。例如可以通过发送一封电子邮件来检查电子邮件地址，用户必须点击其中的链接才能完成注册。一旦数据的 CRM 元素录入完成，主数据管理工具将把这部分数据发送到 CRM 系统，然后提示 ERP 用户添加所有 ERP 特有的数据。主数据管理工具验证这些数据，然后发送给 ERP 系统。

有时，对主数据管理流程的投资并不能带来等值回报。根据我的经验，数据量必须相对较大，流程必须非常复杂，而且主数据管理工具只能实现部分自动化。

5. 元数据管理工具

元数据管理工具通常被称为**数据目录工具**。它提供了唯一的位置来存储我们所知道的关于数据的一切，除了数据本身。元数据是"关于数据的数据"，包括我在前面数据目录组成部分中提到的以下内容。

- 数据所有权。
- 数据定义。
- 数据质量规则。
- 与特定系统有关的其他信息：
  - ◆ 系统中字段的技术细节——技术名称、字段长度和字段类型。
  - ◆ 数据的流向——如何从数据源移动到目标系统和报表。

元数据管理工具包括 Microsoft Purview、Informatica Cloud Data Governance 和 Data Catalog、Collibra Data Intelligence Cloud 和 Alation Data Catalog 等。

这些工具通常具备两类不同的功能：

- 业务术语表，即数据目录中以业务为导向的内容，由对数据的业务含义具有深厚理解的人员提供。
- 技术数据目录，通过技术手段扫描记录系统来生成基本框架，然后对找到的数据补充描述。

难点是如何将这两个不同组件联系在一起。例如 SAP ERP 系统中某个产品数据的"Material Group"字段，其表/字段名称为"MARA/MATKL"。业务术语表中可能会有一个名为**产品类型**（Product Type）的术语，对其进行详细定义。"Material Group"字段作为业务概念**产品类型**的物理系统实例，应将两者联系在一起，但除非你既是业务流程专家，又是 SAP ERP 专家，否则很难发现这一点。

当企业将数据质量纳入管理时，将其和数据目录关联起来至关重要。当我们开始系统地度量数据质量时，应该将当前的数据质量水平添加到数据目录中。

例如当最终用户在报告中看到一列数据时，他们可以按下键盘上定义的某个热键，触发展现数据目录。目录将提供与当前报表列相匹配的业务术语，包括但不限于如下信息：

- 数据定义。
- 数据所有者。
- 数据血缘。（换句话说，数据来源于哪个系统，从来源到报表，中间做了什么修改？）

正是在最后一点数据血缘上，数据质量变得非常重要。如果知道字段的数据质量，就可以将其作为元数据的一部分展示出来。报表用户可以看到，他们试图使用的那列数据的完整性只有 60%。他们甚至可以发现，如果报表数据取自其他系统中的同一字段，则完整性水平会更高。

以发动机制造商为例，元数据工具可以为营销团队的需求提供终极指导。他们可以看到所有电子邮件地址字段的完整定义，并对可用数据的完整性一目了然。他们可以找到客户是否同意接收营销内容的标识字段，还可以查看相关隐私政策。元数据工具可将他们所需的一切集中在一个地方。

元数据管理工具可以提供一个单一视图，显示组织对其数据所定义的一切内容，关键是包括了当前的数据质量水平。

关于数据治理和主数据管理工具的说明到此结束，在追求数据改进的过程中可能会用到这些工具。

2.1.3　如何将数据质量融入数据治理和主数据管理

到目前为止，本章的重点是帮助你理解数据治理的重要概念。本节将解释数据质量改进举措与整体的数据治理和数据管理工作之间的相互关系。

在我看来，数据管理投资的最终结果是确保数据能够持续符合使用目标。在数据管理的所有领域中，我一直对数据质量最感兴趣，因为它们是数据管理工作的"结果"。也就是说，数据质量工具所显示的数字反映了整个数据工作的成功与否；本月的平均数据质量得分是否有所提高；改进措施是否使我们的组织更加高效。

显然，数据质量的成功取决于在数据构建上所有的努力，但其结果往往也表明，数据质量改进举措也可以改进数据治理和其他数据管理领域的工作方式。因此，数据质量与其他数据管理领域之间是一种相辅相成的关系。

例如数据所有权是数据质量工作成功与否的关键，而数据质量工作则是衡量数据所有权的授予成功与否的关键。不断恶化的质量规则评分可以暴露数据所有权的不足。

为进一步阐述数据治理背景下的数据质量这一主题，下文将概述两者之间的主要关联。

数据治理、主数据管理和数据质量触点

本节概述了本章前面所述数据治理的各个方面，并解释了每个方面和数据质量工作之间是如何彼此帮助的。

表2.6可作为开展数据质量方案的参考指南，确保数据管理各领域团队之间有足够的互动。

表 2.6　数据质量方案与数据治理主要方面之间的相互作用概述

范　　围	数据治理对数据质量方案的益处	数据质量方案对数据治理的益处
数据所有权	帮助确定哪些数据领域最需要优先关注 对数据质量规则负责 有能力为数据质量方案分配人力和财力资源	定量分析数据的改善或恶化情况
数据定义	数据定义可大大加快数据质量规则的创建速度 如果已有数据定义，可以再次联系创建定义的人员，支持数据质量规则的制订	通过数据质量方案中的工作，数据定义通常会得到完善和改进
了解如何使用数据	了解字段的使用方式有助于确定它们的重要性，从而确定它们在数据质量工作中的优先级	将数据使用方式的知识与数据质量水平清晰地结合起来，结果是非常有价值的。如果你知道某个字段用于关键的合规检查，并且在数据发送给监管部门之前检查数据质量，那么就可以积极主动地预防问题发生
数据模型	当利益相关方要求重点关注某组数据时，数据模型可以显示与其他相关数据的依赖关系。例如为了改进用于分析用途的客户数据，数据模型表明，不仅客户数据需要改进，所有维度的数据都需要改进。其中一个维度可能是向客户销售产品的销售经理名单。如果销售经理的直线经理字段在该维度中不可用，就会对分析销售团队中哪些部门表现最佳产生负面影响	定义数据质量规则提供了有助于改进数据模型的重要信息 例如数据质量规则可能会显示不同类型客户之间的区别，这种重要的区别应该反映在数据模型中 具体的例子是，有些客户是经销商，他们再销售给最终用户，而另一些客户则是直接的最终用户 这种情况下数据模型可能需要更新，分别显示这两种不同类型的业务模式，因为它们会通过不同的渠道进行销售

（续）

范 围	数据治理对数据质量方案的益处	数据质量方案对数据治理的益处
高效、完善的数据管理流程	有据可查的数据流程有助于从质量角度确定哪些数据最重要	数据质量规则可在各个数据治理流程中重复使用。在创建或修改数据时，可以添加上未知的规则作为验证条件
数据策略	数据策略可以作为数据质量方案的输入。例如数据质量报告通常会过滤掉沉寂数据（以避免花费精力纠正不再有用的数据），而数据策略则会定义什么数据可被视为沉寂数据	数据质量方案会产生新的策略（例如关于如何通过论坛处理数据质量问题的策略），但一般不会直接影响现有的数据质量策略
主数据管理工具	主数据管理工具可以成为数据质量工具的重要数据源。如果主数据管理工具能提供唯一的黄金记录，将多个底层数据源的数据结合在一起，数据质量工具就可以直接访问这些记录，而无须单独访问所有数据源。这样可以降低成本，最重要的是在真正的数据来源和主数据管理工具之间不会产生数据转换，这点非常重要	有些主数据管理工具中整合了数据质量工具，并复用数据录入规则。数据质量工具成为主数据管理工具的规则验证库。这样可以节约主数据管理重复验证的成本
数据目录	在实施数据质量工具时，数据目录可以极大地节省时间，因为目录中包括现成的定义、所有者、血缘及其他重要和有用的信息	来自数据质量方案的信息同样有助于丰富数据目录 如果用户能看到其报告的脉络（数据从哪里来，如何转换）以及每个阶段的数据质量，就最有可能了解和解决问题数据造成的业务影响

如组织中已有数据治理团队，上述参考指南可作为与其合作的起点。该指南可根据你所在组织的具体情况制定，并作为子团队之间相互合作的承诺。

到目前为止，本章已解释了数据治理涉及的方方面面，并概述了其各方面与数据质量的相关性。本章其余部分将解释数据质量的基础知识，为本书其余部分提到的概念做好准备。

2.2 公认的数据质量原则和术语

作为一门公认的学科，数据质量已经存在很长时间了。许多组织和个人为此制定了很多方法论，拓展了集体思维，改善了数据质量的成果。本节旨在列出公认的原则，并解释一些专业术语,这些是每位经验丰富的数据质量专业人士都应理解的内容。

当然,本节基于许多数据治理专家的工作实践,参考了很多现有内容,特别是 DAMA 国际(https://www.dama.org/cpages/home)。不仅如此,本节还包括了笔者对这些公认概念的解释和看法,以及将这些概念付诸实践的实例。本节第一部分将概述数据质量的基本概念。

2.2.1 数据质量基本术语的定义

在第 1 章中,详细概述了"问题数据"的含义以及问题数据对组织的影响。通过如此详细的阐述,我们可以更容易地定义数据质量的整体概念。

定义:

> 一个组织的数据质量水平是指数据可被用于其预期目标的程度。

定义中提到的预期目标指的是"问题数据"影响的领域,即业务流程、决策、合规性,以及组织与竞争对手差异的问题。

在表 2.7 中,定义了一些贯穿全书的关键数据质量术语。很多人可能已经以不同的名字了解这些术语。为了本书叙述方便,需要对这些术语进行定义。

表 2.7　数据质量相关术语的主要定义

术　　语	定　　义	参考文献资料
数据质量规则	数据质量规则是应用于数据集中每一行数据的逻辑,它可以确定该行数据正确与否	第 6 章详细介绍了数据质量规则的各个方面
数据质量维度	数据质量维度是将各种数据质量规则按主题组织的一种方式。例如评估数据是否缺失的数据质量规则可以归属到"完整性"数据质量维度	DAMA 英国分会于 2013 年 10 月发布了一份关于数据质量维度的白皮书,名为《数据质量评估的六个主要维度白皮书》 该白皮书提供了大多数组织常用的数据质量维度,本章即以该白皮书为基础
不合格记录 (未通过规则校验)	不合格记录是指经过数据质量规则检验后,被认为是不正确的数据记录。例如记录中应该有值,但实际上是空的 当然,相反的情况则被称为"合格记录"	第 6 章和第 7 章都广泛讨论了不合格记录

（续）

术　语	定　义	参考文献资料
数据质量问题	数据质量问题是指对不合格的记录进行分析，以确定其对组织的影响，从而商定一个解决措施	这些内容在全书中都有提及
数据剖析	数据剖析是对一组数据集进行评估，并提供有关每列的值、字符串长度、完整程度以及各列值的分布情况等信息	第 5 章概述了识别数据质量问题的整个过程，以及如何通过剖析，将这些问题转化为规则
数据质量监测	使用规则检查的结果汇总报告，来审查组织当前数据质量状态的过程	第 7 章概述了数据质量监测所需的报表
数据质量补救	一旦识别了问题并排定了优先次序，就可以开始修正数据质量的活动	第 8 章对此进行了深入探讨
数据域	数据域是对数据的逻辑分组。如可以按数据对象（如客户或员工）或业务流程领域（如商业数据或人力资源数据）进行分组	这些内容在全书各章节中都有所提及

　　上述大部分主题在其他章节中都有更深入的介绍。数据维度虽然没有独立成章，但在整本书都有提及，因此有必要在下一节做深入解释。

2.2.2　数据质量维度

　　笔者在职业生涯的早期，曾经在四大会计师事务所中的一家担任审计师，工作是检查客户的财务报表是否公正地反映了真实的经营业绩和财务状况。

　　为了做到这一点，就要去核实客户账簿和档案的完整性及准确性。在一定程度上，这两个词从财务审计领域转移到数据质量领域。数据质量吸引我的因素之一是，当人们在方案中提到这些方面时，我能够本能地立即理解他们在说什么。

　　在本节中，我将参考 DAMA 英国分会的《数据质量评估的六个主要维度白皮书》（以下简称"DAMA 白皮书"）中概述的 6 个公认的数据质量维度，并分享自己应用这些维度的经验。

1. 完整性

　　第一个最简单的维度是完整性。DAMA 白皮书将完整性定义为"已有数据量占应有数据量的百分比"。

数据质量规则规定了字段中应出现值的时间，然后对每一行进行检查。将包含值的总行数和符合规则的总行数进行比较。

我们再回到发动机制造商的例子：

- 该企业 ERP 系统中设置了 50000 种产品。
- 为确保数据集的完整性，设置了许多数据质量规则。
- 现在，我们假设所有规则对这 50000 种产品都适用（见表 2.8）。

表 2.8　多条规则完整性的简单说明

规　　则	规 则 结 果
每件产品都应有批次编号	62%
每个产品都应有位置信息	90%
每件产品都应有生产日期	40%
每个产品都应有产品类型	98%
总体完整性得分	74%

表 2.9 是一个非常简单的示例。实际上，数据集会包含不同类型的产品，某些规则可能只适用于其中的一个子集。在下面的示例中，我们假设在 50000 种产品中，发动机零件占 32000 种，并且只有发动机零件需要批号和生产日期。

表 2.9　规则仅适用于部分记录的完整性示例

规　　则	评估的记录数量	规 则 结 果
每件产品都应有批次编号	32000	97%
每个产品都应有位置	50000	90%
每件产品都应有生产日期	32000	63%
每个产品都应有产品类型	50000	98%
总体完整性得分	不适用	87%

完整性是一个有用的数据维度，因为它很容易被利益相关方理解。数据质量专业人员通常会因为"在过去六个月里，产品数据的完整性从 59% 提高到了 80%"这样的表述而获得很多人的认可。相反，如果用"及时性"代替表述中的"完整性"，可能会被问及更多问题。

　　不要过于关注完整性，这一点非常重要。在我工作过的一家企业，由于过于关注完整性，导致用户开始优先考虑往字段中输入任意数据，而不是输入正确的数据。这就是要将各个维度综合考虑的原因，这一点至关重要。

　　2. 唯一性

　　DAMA 白皮书的下一个维度是唯一性。DAMA 将其定义为"根据事物的识别方式，一旦被定义，任何事物仅能被记录一次"。

　　这个定义让我们马上回忆起本章的数据策略部分。在数据策略中，应定义如何识别数据的唯一性。正如下面的示例所示，这个工作并不像听起来那么简单。

　　我们来考虑一下供应商数据重复的问题。可以根据供应商的地址来确定唯一性。如果有两个供应商的地址完全相同，那么就可以假定存在重复。但是我们都知道，大型办公场所通常是共用的，例如每家公司一层楼。除非我们有不同实体的楼层编号，否则这本身并不是一个可靠的重复识别标识。还可以考虑使用公司名称来帮助我们匹配可能重复的记录。图 2.2 是来自英国工商局网站的公司名称截图，说明了问题所在。该公司登记册是公开的，我以"apple service"为例进行了搜索。

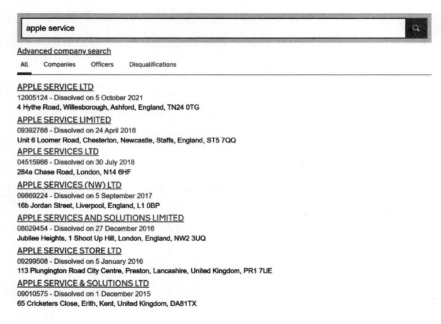

图 2.2　公司名称相似性的一个示例

可以看出仅凭公司名称很难确定具体某个你感兴趣的公司。

另一种方法是使用邓白氏（D&B）识别号（称为 DUNS 号）、税号或公司注册号等识别号。这些都是独一无二的标识符，通常可以唯一标识组织机构。这些数据的挑战往往是缺乏完整性。供应商可能不会立即提供这些数据——它们通常会随着发票一起提供，而且当企业拿到上述数据时，可能也忘记了要返回供应商管理系统来更新这些信息。

 注释：

　　DUNS 号是由邓白氏（Dun & Bradstreet）公司提供的唯一法律实体标识符。邓白氏是一家全球商业决策（如提供信贷和选择供应商的决策）以及数据和分析服务提供商。

　　有关 DUNS 号的更多信息，请访问公司网站：https://www.dnb.com/。

实际上，判断唯一性的方法是创建一个将所有这些因素结合在一起的综合检查。7.5.2 节　管理重复数据将对此进行更深入的介绍。

最后，有些组织可能会选择在某些情况下允许数据重复。在本章前面谈到数据策略时，我举了一个例子。人力资源和 IT 领域也有一个很好的例子。一般来说，企业会规定员工是唯一的，但在某些情况下也有例外。通常在某些组织中，当员工需要较高的 IT 访问权限（例如为了登录和维护远程服务器）时，需要为某些员工创建第二条记录。一个记录用于日常的人力资源管理，另一个记录只是为了创建第二个 IT 账户，以获得更高的权限。随着时间的推移，这种做法可能会逐渐消失（例如允许两个 IT 记录与一个人力资源记录相关联），但要实现这一改变可能需要六个月时间。在这六个月期间，这将是一个允许的例外情况——数据质量规则和报表不会将这些管理账户标记为重复。这一点很重要，可确保人力资源团队不会在问题数据报告中看到"假阳性"结果，以免对数据质量报告失去信心。

根据我的经验，与唯一性相关的数据质量规则通常不多。如第 7 章所述，数据的重复往往通过创建报表来管理。

3. 及时性

DAMA 白皮书接下来谈到了及时性。DAMA 将其定义为"数据从要求的时间点起代表现实情况的程度"。

我经常发现，一些组织在建立数据质量规则时，偏好使用准确性而非及时性，将本应归入及时性维度的规则归到准确性这一维度。DAMA 认可这一点，并指出准确性是与及时性相关的一个维度。但我认为及时性"未得到充分重视"，因为及时性规则失效时必须采取的措施与准确性规则失效时采取的措施不同。

例如我们会检查组织中是否存在已离职员工持有某个成本中心权限的情况，此类规则通常归类为准确性维度。然而，我认为这更应被视为及时性规则。这是因为该规则的核心在于，一旦员工离职，与其相关的成本中心信息需要立即更新。为此，应定期审查，以确认是否有离职员工仍挂在成本中心名下，并且一旦发现此类情况，应在当天将其权限重新分配给其他在职员工。鉴于大多数 ERP 系统（成本中心通常在此系统中管理）可以按计划在未来某个日期进行调整，因此这是完全可行的。

根据我的经验，及时性规则的其他真实例子还包括以下内容：

- 确保在创建销售订单时，客户信用检查的时效不超过三个月。由于公司的信用状况可能会短期内发生变化，因此，信用检查的及时性、近期性至关重要。
- 在数据仓库中进行的检查，确保按照约定的计划更新数据。如果数据应该每天更新，那么截至当前日期前一天的所有新记录和对现有记录的更改都应该在数据仓库中完成。
- 在发送价值超过 1000 美元的存货之前，需要检查客户地址数据是否在过去 6 个月内经过核查或更新。
- 检查执业医师（如医生、注册护士或药剂师）执照 ID，以确保过去 12 个月内接收药品的医师都经过检查并持有医师执照。

4. 有效性

DAMA 白皮书的下一个维度是有效性，即"如果数据符合其定义的语法（格式、类型、范围），则数据有效"。

除了完整性，这也是最常用的维度，可能会有大量的数据质量规则与之相关。以下示例很好地解释了这个维度。

- 检查员工数据是否包含有效的社会保障号码。这一点因员工所在的国家/地区而异：

◆ 在英国，检查的格式是 XX 11 11 11 X（其中 X 是字母字符，1 是数字字符）。

◆ 在美国，检查的格式是 111-11-1111（其中 1 是数字字符）。

- 客户电子邮件地址包含适当的字符：

◆ 包括一个 @ 符号。

◆ 在 @ 符号后面会出现一个域名（不一定是真实或有效的域名，这一点稍后会详细说明）。

◆ 正确的扩展名，例如 .com、org 或 .co。

- 邮政编码采用所在国家的适当格式：

◆ 在英国，检查的格式是 XX1（1）1XX（符号与之前的相同；第二个 1 在括号中，表示它是可选的，因为它只适用于伦敦）。

从 DAMA 定义的和我的例子中得到的主要启示是，要根据预期的格式、类型或范围检查数据，并不检查数据的真实性。例如，rob@hawker.com 是一个有效的电子邮件地址，但并不准确。它不是我的电子邮件地址，而在我撰写本文时，hawker.com 也不是有效域名。（也许我应该保留这个域名，然后建立一个网络帝国！）

这种与现实的对比就是准确性数据维度的精髓所在。

5. 准确性

DAMA 白皮书将准确性维度定义为"数据正确描述'真实世界'对象或事件的程度"。

该定义的关键部分在于，与该维度相关的规则必须将数据与某种权威来源进行比较。例如电子邮件地址有效性规则可以检查所提供的域名是否为真实域名。如果我们可以连接到一个包含所有现有域名的数据库，并将电子邮件地址与之比较，那么就可以检查电子邮件地址的域名的有效性。请注意，我们仍然无法轻松检查 @ 符号之前的部分。

实际上，真正解决准确性问题的规则通常很难实施，成本也更高，因为它们涉及对第三方资源的访问。供应商数据就是一个很好的例子，也是我与邓白氏（D&B）合作的经验。本书中多次提到使用邓白氏公司的服务，因为他们拥有一个庞大而准确的组织数据数据库，可以用来检查内部数据的准确性。邓白氏公司业务的成功就在于其数据库中公司数据的准确性。在我以前工作过的机构中，我们会将自己的数据与邓白氏数据进行比较，并制定规则来评估我们的数据与他们的数据在哪些方面存在差异。这些规则是恰当使用准确性维度的良好范例。

另一个好例子来自全球数据战略公司奈杰尔-特纳（https://www.linkedin.com/in/nigelturn-erdataman/）。奈杰尔曾经工作过的一家公司，需要对电子设备进行物理验证，以确保数据的准确性。确保正确识别设备并将其分配给正确的客户对该组织来说至关重要。

在我职业生涯的早期，还是一名财务审计员时，遇到过另一个这样的例子。一家销售大米的客户在其经营场所建有大型筒仓，里面装满了大米。他们在筒仓各处的观察窗口安装了摄像头，以便远程确定大米的数量（和价值）。有一个时期，该公司经营困难，出于财务的考虑，公司希望提高大米在资产负债表上的价值，因此他们用胶水将大米粘在观察窗的内侧！筒仓看起来比实际更满。这是一个与准确性维度相关的数据质量问题的例子。在此之后，对数据质量的例行检查是由一名审计员爬上梯子，从粮仓顶部检查大米数量——对于我们这些不喜欢爬高的人来说，这可不是一项简单的任务！

在这样的组织中，有形资产决定成败，因此需要准确性检查。

6. 一致性

DAMA 白皮书的最后一个维度是一致性。DAMA 英国将其定义为"在将一个事物的两个或多个表述与定义进行比较时，不存在差异"。

在比较组织内不同数据源中本应相同的数据时，这个维度就变得非常重要。员工数据就是一个非常典型的例子。员工数据在企业中无处不在。它通常始于人力资源系统，然后传输到身份管理系统（如 Microsoft 的 Azure Active Directory），再传输到员工使用的应用程序（如 Microsoft Office 365 应用程序、SAP ERP 和 CRM 系统）。

上述每个系统，都会有员工的简单记录，包括姓名、电子邮件地址和有效期（如果和公司签订劳动合同）。这些系统上员工信息的不同步是一个非常常见的问题。这种不同步会给企业带来很多非常常见的问题。我猜想，本书的读者中，很多人都曾遇到过下面的问题：

- 在人力资源系统中，延长了合同工的雇佣期限，但并没有将这一变更同步到 IT 系统中，他们被锁定在机器或应用程序之外。
- 员工需要执行一项新功能（如申请自付费用），但他们必须在支出系统中建立一个新的档案（换句话说，由于某种失误，他们并不在支出系统中）。
- 员工更改姓名（例如结婚了），而更改后的姓名只体现在保存其个人资料的应用程序中。

- 员工在人力资源系统中更改了银行账户信息，但报销系统仍使用旧账户信息。
- 员工调换部门，但其信息和访问权限仍未更新。

这些都是不同系统间数据不一致的例子，利用一致性维度创建规则可能是非常有价值的。想象一下，如果我们引入相关数据质量规则，帮助企业找到解决所有这些常见问题的办法，员工的体验将更加良好，也会节省大量时间。

7. 数据质量维度的一般性建议

数据质量维度是数据质量工作的基本组成部分，是汇总单条规则结果的好方法，更重要的是，它们能起到提示作用，确保各种数据质量规则都考虑在内。

例如我通常会看到数据质量规则在各个维度上的划分，如图 2.3 所示。

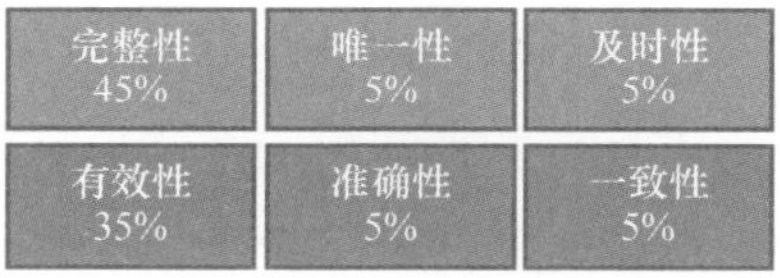

完整性 45%	唯一性 5%	及时性 5%
有效性 35%	准确性 5%	一致性 5%

图 2.3　大多数组织的数据质量规则在不同维度上的大致分布情况

之所以偏向于完整性和有效性，是因为这两个规则是最明显、最容易执行的。它们只关注组织内一个系统的数据，并依赖于数据的基本知识（这很重要）以及预期格式和类型。

重要的是，要知道通过已确定的规则解决了哪些数据质量方面的问题，更重要的是，了解可能忽略了哪些方面的问题。回顾我对每个维度提供的规则示例，很显然，忽略任何一个维度都意味着会遗漏一批重要规则。

根据我与数据所有者合作的经验，以及对规则数量的研究，基于维度的规则划分可能如图 2.4 所示。

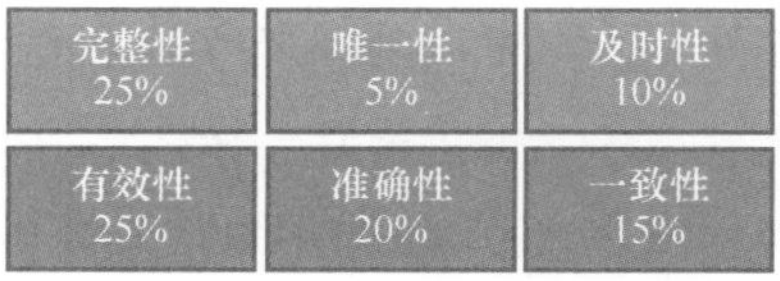

完整性 25%	唯一性 5%	及时性 10%
有效性 25%	准确性 20%	一致性 15%

图 2.4　各维度规则的分布更加均衡

显然，具体情况因数据集而异，需要付出更多努力来明确相关规则。要做到这一点比较困难，但最终，通盘考虑了所有维度的规则集应该会增加更多价值。在本节中，我们解释了本书其他章节使用的各种术语，并重点介绍了数据质量维度这一关键概念。这在后面的章节（尤其是第 5~7 章）中将非常有用。下一节将介绍参与数据质量方案的各利益相关方。

2.3　数据质量方案的利益相关方

数据质量方案需要广泛的讨论和组织的支持。本节旨在概述各种利益相关方类型，并解释以下内容：

- 利益相关方的角色。
- 担任这些角色的人员的典型概况。
- 在数据质量方案中需要为他们提供哪些帮助。

不同类型的利益相关方及其角色如下：

显然，每个组织都有自己的组织形式，没有哪两个组织具有完全相同的内部结构。然而，在过去的 15 年里，许多数据治理角色名称（例如数据管理员）已成为不同地区和行业的标准名称。在此期间，这些角色的职责变得越来越一致。本节将概述这些角色。

这些角色不一定都是全职职位。通常，人们在日常工作的基础上被赋予这些角色。有时这是有利的，因为如果不在某些岗位上，就无法完成职责中的工作。然而有时对个人和组织却都是非常有害的，因为角色的职责超出了个人的能力，这点常常被忽略。

我们将探讨不同角色，并就该角色是现有角色承担额外职责，还是全职角色提出建议。在探讨角色之前，我们必须了解"中枢分支模式"的组织概念。

1. 中枢分支模式

目前，大多数组织采用"中枢分支模式"来开展数据和分析工作。在这个模型中，有一个由不同角色组成的"中枢"，通常由首席数据官领导（下表概述了这个角色）。该团队负责制定数据和分析的愿景、战略，并确保数据和分析工作在组织范围内的一致性。该中枢将致力于确定组织每个业务部门中可以与之合作的人员。这些角色（由数据所有者领导）通常被称为"分支"。还有其他模式，但现在中枢分支模式应用十分广泛，因此本章的其余章节假设你的组织就是采用该模式。

对中枢的一个形象比喻是把它想象成一个国家的政府。政府制定一套法律，公检法系统将确保这些法律得到执行。中枢组织的作用在这方面是类似的。该中枢为数据治理创建了一个框架（如果你愿意的话可以称之为一套法律），然后每个分支都可以解释和实现（并强制执行）。在介绍了这个概念之后，下面将依次探讨每一组角色。

（1）中枢角色

表 2.10 解释了与数据质量相关的中枢角色。

表 2.10　与数据质量相关的中枢角色说明

利益相关方类型	角色概述	角色性质
首席数据官（CDO）	CDO 负责组织数据治理和分析工作。包括数据治理、数据工程、数据科学和报表的各个方面。他们可能有自己的预算，但通常会与组织中其他部门合作，确保与数据相关的活动得到协调，并朝着商定的愿景和战略努力 比较成熟的组织（从数据的角度来看）可能有 CDO，但没有 CDO 的组织仍然很普遍。在没有 CDO 的组织中，所需的支持可能来自执行团队的另一名成员，如**首席技术官（CTO）**或**首席财务官（CFO）**。在某些组织中，可能会有一位比上述级别低的数据和分析领导，他可以有效地充当 CDO	全职
数据治理负责人	该职位是 CDO 领导团队的一员，负责整体数据治理工作，包括数据质量 职责是帮助制定整体数据治理战略，确保数据所有者到位并参与整个业务	全职
数据质量负责人	数据质量负责人负责推动数据管理的数据质量向前发展。他们将领导第 5~9 章中概述的所有活动	全职

中枢还有其他重要角色，但这些角色与数据治理的质量方面相关性较小。例如数据目录的负责人，在制定数据质量方案期间与他进行协商非常有价值，但他们的支持需要由数据治理负责人统筹，表 2.10 已将后者列入其中。

（2）分支角色

表 2.11 提供了对各种分支角色的解释。这些角色对于每个不同业务职能部门都是可重复的。例如财务、商业、人力资源、生产、供应链等都有一个或多个下列角色。

表 2.11　与数据质量举措相关的分支角色

利益相关方类型	角色概述	角色性质
数据所有者	已经在"数据治理如何赋能应用场景"部分概述了数据所有者角色，但为了表述完整性，在本表中再次提到它们。数据所有者对特定数据领域（例如商业数据）的数据治理和质量全权负责	兼职——数据所有者必须是使用其数据的业务领域的高级利益相关方
数据管理员	数据管理员角色通常由数据所有者指定，在其领域的所有数据治理活动中发挥积极的作用。他们将实施业主优先考虑的工作。数据管理员执行所有具体活动，如收集数据定义并对其进行审查，定义和批准数据质量规则，以及记录和改进数据生成和修改流程。他们向数据所有者报告问题，并请求他们提供支持和做出关键决策	全职，但有时会任命几名兼职数据管理员。这种方式很有价值，因为数据管理员要在兼顾其他角色职责中持续进行数据日常管理
数据倡导者	数据所有者和数据管理员角色很常见。数据倡导者并不常见，但凡设立了该角色，都发挥了很大价值 倡导者通常在多个不同的数据域中工作，并帮助确保其工作的一致性。如果一个组织中有一位董事级别的运营副总裁，他可能会为自己管理的每个领域指定一位单独的数据所有者，其中可能包括供应链、制造和工程。然而，他也可能任命一位数据倡导者来推动一致性 倡导者角色非常有用，因为他可以确定在哪些方面发挥联动效应。如果前面提到的所有部门分别制定了一项关于识别重复数据的规则，那么倡导者可以帮助他们努力在这项工作上达成一致	兼职——此角色通常由卓越流程团队的一名成员担任
数据生产者	数据生产者是指组织中实际在系统中创建数据的人员。对于某些数据，如成本中心，只有一小群人，他们接收并处理在相关系统中创建或更改数据的需求。对于某些数据的请求，例如员工数据，将有一个"自助"流程来更新数据，每个员工都将参与其中。在这种情况下，每个人都是数据生产者 通常不会任命某人担任这一职务。这一角色就是大家日常工作活动的一部分，数据质量方案要能识别他们，以便在创建或商定数据规则和维护数据过程中得到他们的支持	兼职。数据的创建或更改是他们日常职责的一部分

（续）

利益相关方类型	角色概述	角色性质
数据消费者	数据消费者是指组织中使用数据的人。通常组织中的每个人都或多或少使用数据。当我们把这个角色缩小到一个特定的环境中时，它会变得更有意义 如果我们发现供应商数据重复，知道该数据有两个关键消费者： • 付款团队，需要向供应商付款 • 支出分析团队，需要了解每个组织的整体支出。在这种情况下，如果能够识别这些数据，可以给他们发送重复问题的通知，并指导他们解决问题	兼职。使用数据是他们日常工作的一部分
流程负责人	许多组织都有全局流程负责人或所有者。通常这个人可以承担数据所有者角色。如果你的组织中有两个不同的角色，那么与流程所有者合作可能非常有价值。他们可以深入了解数据质量对流程的影响 因此，他们是对要"关注哪些数据"提出建议的理想人选	兼职

到目前为止，我只是简单地罗列了这些角色及角色概述。为了使本节更加实用和更具参考价值，接下来将描述为支持数据质量方案，每个角色需要承担的工作。

2. 数据治理角色如何帮助数据质量方案

表 2.12 概述了每个角色在数据质量方案中可能做出的实际贡献。

表 2.12　不同角色对数据质量方案的贡献

角色	对数据质量倡议的贡献示例
首席数据官	• 全面赞助方案——提供部分预算，并帮助与数据所有者协调，以获得进一步的预算 • 在数据和分析方面设计和组建合适的组织结构。例如建立数据质量负责人角色 • 确保数据质量列入董事会层面议程 • 签署关键决策，如工具选择，或哪些功能（例如财务或商务）应包含在范围内
数据治理负责人	• 设置数据治理的总体方向，以及数据质量与其适应的方式。确保数据治理议程的其他部分对数据质量的支持，如 2.1.3 小节的"数据治理、主数据管理和数据质量触点"部分所述 • 指导和支持数据质量负责人的工作。数据治理领导通常在数据质量管理工作中有自己的直接经验 • 确保数据质量调查结果影响数据治理其他领域的工作。如果数据质量调查发现主数据管理流程必须更改，则数据治理负责人会将其设置为数据流程负责人的目标

（续）

角　色	对数据质量倡议的贡献示例
数据所有者	• 提供部分预算 • 团队成员提供的支持和时间（例如测试数据质量规则；有关更多详细信息，请参阅 6.3 实施数据质量规则） • 签署其功能范围（例如将交付或排除哪些数据质量规则） • 影响其职能内外的其他高级领导
数据管理员	• 提供数据定义，作为数据质量规则的输入 • 建议数据质量规则 • 确定各个职能中的合适人选，以确定进一步的数据质量规则 • 解释现有数据流程和结构 • 参与测试——无论是亲自参与，还是协调其他测试人员 • 审查他人完成的测试结果 • 为其职能提供在线的沟通支持 • 在补救阶段提供支持，确保已识别的数据质量问题得到适当的优先考虑
数据倡导者	• 对优先事项提供公正的跨职能观点。如果财务和商务数据所有者都希望把各自领域纳入方案中，那么数据倡导者可以为整个组织找到最佳解决方案 • 提供数据质量问题影响的端到端视图。如果财务团队维护数据，而商务团队成员使用这些数据，那么倡导者应该兼顾双方利益
数据生产者	• 提供有关如何收集数据并将其输入系统的主题专业知识 • 提供有关底层系统如何使用特定字段的主题专业知识。例如供应商的 "hold" 状态意味着不能发出采购订单，但仍然可以付款 • 当发现已有流程导致数据质量问题时，对数据创建和更改流程实施商定的变更
数据消费者	• 清楚地解释他们需要从数据中得到什么，以及指出哪些数据不符合目前的用途 • 帮助制定数据质量规则

　　你可能会注意到，表 2.12 中缺少一个角色——数据质量负责人。他被排除在外，仅仅因为他是为数据质量方案投入全部时间的角色。如表 2.11 所示，数据质量负责人将自始至终组织和领导数据质量方案的每一个流程。

　　在本节中，我们解释了在已经开始数据治理之旅的组织中一些常见的角色。如果你的组织没有正式设立这些角色，请不要担心。他们可能只是没有被正式任命，但会有人担任这些角色。例如 IT 副总裁在兼任 CDO 的角色。（我不建议这样做，但这目前是一种常见的做法！）你的数据所有者可能还不知道他们承担的数据所有者角色，但如果给予正确的指导，他们可以成为合格的数据所有者，并给予支持。

本章的最后一部分，根据我在各个组织中积累的经验，概述了端到端的数据质量改进周期。

2.4 数据质量改进周期

不同的组织面临着截然不同的挑战。它们分布在世界各地，有不同的地方法律法规。它们属于不同的行业——有些受到严格监管，有些受到最低限度的监管。然而，根据我的经验，提高数据质量所遵循的流程在所有组织中都大致相同。我在世界各地多个行业看到了这一过程的成功。

我将要介绍的流程不是"火箭科学"——有去无回的简单逻辑，我相信大多数组织都会从中受益。它是本书其余章节的基础。从现在起，每一章（第4章和第10章除外）都将关注数据质量改进周期的特定部分。

图 2.5 提供了改进周期的概述。

图 2.5　数据质量改进周期

首先需要注意的是，这是一个循环过程。在准备业务案例之前，从数据质量入手的组织必须选定要优先关注的数据集（例如供应商数据、成本中心数据或员工数据）作为高层级范围界定活动的一部分。他们需要为这组数据完成数据质量周期的所有阶段工作。在第一期数据质量方案执行过程中，也可以启动第二期，但通常情况下，只有在看到收益后，二期方案才能获得批准。而这些收益一般在补救阶段才开始显现，所以在一期方案进入补救和纳入日常运营（BAU）阶段，可能会获得下一期数据质量方案的批准。

有时，你会不止一次地关注同一组数据。也许是规则太多了，无法在时间紧迫的一期方案中实现。供应商数据可能是第一期的重点，相关规则的迭代可能是第二期的重点。

在循环实践中，可能会跳过某些步骤。如果第一期的成功意义重大，顺利地为新周期赢得了预算，则二期可能不需要商业案例步骤。第一期的数据发现阶段可能已经确认了足够的工作量，因此你只需简单地对下一部分规则进行优先级排序，而无须再次进行完整的探索。周期中不可缺少的步骤是规则开发、监控、补救和纳入日常运营。

以下小节将简要解释周期的各个阶段，因此本节可作为本书的指南，指导读者参阅相关章节以了解更多细节。

2.4.1 商业案例

商业案例阶段是为了获得对数据质量方案的支持。这通常是指资金支持，以便获得适当的资源和工具。为了做到这一点，首先需要就计划的高层级范围达成一致。不需要最终的确权范围，只需要可以支持估算成本和收益的详细信息，然后需要估算成本和收益。第 3 章提供了确定成本和收益的模型和策略，这阶段工作在数据质量工作中可能非常具有挑战性。

2.4.2 数据发现

该阶段的成果是确定一个详细的方案范围，在这个范围内，实现数据质量改进。首先要了解一个组织的业务战略，并了解是什么阻碍了实现这一战略的进展。一旦理解了这一点，重点就会转移到将战略问题与流程和基础数据联系起来。

一旦建立了这些联系，数据质量方案就能够表明，它致力于改进直接影响组织执行战略能力的数据。

为了开始改进数据的流程，该计划需要了解更多数据的信息，并使用数据剖析技术来做到这一点。数据剖析提供有关数据的统计信息，突出显示最小值、最大值、中位数和众数等信息。

2.4.3 规则制定

数据剖析结果将生成第一期考虑交付的数据质量规则。这些规则的其余部分来自企业内部的研讨会,而数据剖析结果将支持研讨会的讨论。一旦确定了规则,并记录了规则的各个方面(例如规则阈值和规则权重,所有概念将在第 6 章中定义),就可以开始实施工作。

这一部分实际上是某种形式的 IT 实施工作。数据质量工具将连接到需要评估的数据源,并在该工具中制定规则。对规则进行测试,其中涉及许多与数据质量工作相关的复杂细节(这些细节会在第 6 章中详细讨论)。

2.4.4 监控

一旦确认了数据质量规则,就需要确定一个好的方式,来向领导者和需要采取行动的人传达结果。

通常会编写一套报告,让一系列利益相关方获得他们需要的内容。高级别的利益相关方(如 CDO 或数据所有者)将能够看到其感兴趣领域的总体状况和趋势。数据质量负责人和数据管理员等利益相关方不仅能看到高级视图,还能看到更详细的逐级下钻视图,显示检查的记录数量以及合格(通过规则校验)和不合格的记录数量。

操作人员(如数据生产者),通常在补救阶段执行更正数据的任务。他们需要通过报表,来逐一查看不合格的记录,以便能在相关情景中更正数据。

随着时间的推移要能对结果进行趋势分析,以了解组织的数据质量在哪些领域取得了积极进展,哪些领域需要利益相关方的支持。

2.4.5 补救

监控阶段之后,一旦发现了数据质量问题,就应该开展补救工作。补救工作通常是通过一个项目进行管理。人们希望发现并改进数据问题,最终成为创建数据的团队的例行工作。然而,大多数组织的起点都很低,需要一个专门的阶段并投入资源才能取得进展。

由于已知数据质量的差异很大,补救阶段需要进行优先排序,接下来需要定义适当的补救方法。一旦商定好方法，就可以开启补救活动，必须通过评审会的形式，定期审查活动的状态、风险或问题。

2.4.6　纳入日常运营

日常运营是指作为员工履行标准角色职责的一部分，在组织中日常执行的活动。换言之，开展这些活动不需要额外的项目资金。

所有数据质量方案的最终目标都是在之前描述的项目阶段结束之后，补救措施仍然继续发挥作用，并进入日常运营。这意味着业务团队不断使用监控工具来识别最新状态，并继续主动地提高数据质量分数，做出超越补救阶段的成绩。

这项工作的另一个关键部分是研究已知数据质量问题的原因，并找到防止这些问题再次发生的方法。这可能涉及为数据生产者提供培训，使他们知道字段必须包含特定格式的值。

最后，随着记录系统和流程的变化，不断更新规则也很重要。必须有一条日常运营变更所需的路线图，在没有大型项目的情况下交付这些变更。

本节简要介绍了数据质量改进周期。图 2.5 中提到的章节提供了关于这些概念的大量细节，并提供了一些真实的例子，这些例子可以帮助你获得利益相关方的支持。

2.5　本章小结

本章旨在确保所有读者对本书中的关键基本概念有一个共同的理解。数据质量方案通常是数据管理团队的部分工作，因此，深入了解数据管理，尤其是数据治理，非常重要。

任何数据质量方案的成功都取决于各级利益相关方的关注和支持。本章概述了所有这些角色以及它们如何为方案提供支持。

最后，本章概要介绍了迄今为止帮助我在数据质量工作中取得成功的端到端流程。

下一章将描述端到端流程中最具挑战的阶段——数据质量的商业案例。大多数数据质量提升计划在这一点上都失败了。事实上，我的一些方案也是在这一点上失败的，我所学到的教训正是下一章要讨论的内容。

第3章

数据质量的商业案例

本章将重点讨论所有数据质量方案都需要面对的关键步骤——如何在组织内部解释数据质量管理的必要性，并获得启动数据质量方案的支持。第1章指出，数据质量管理并不总是像其他工作一样受到重视。本章将深入探讨其背后的原因，以及如何最大限度地提高数据质量管理成功的机会。

我们需要考虑决策者的动机是什么，通常他们如何做出决策，如何在此背景下定位数据质量。然后将探讨成功的数据质量方案的要素（人员、流程和技术）以及如何估算成本。本章还将讨论如何描述数据质量计划可能带来的好处，从而说服决策者并获得支持。本章还将列举实际的成功案例，并分析取得这些成果的原因。

本章主要包括以下内容：

- 活动、组成部分、费用。
- 开展可量化的收益估算。
- 概述定性收益。
- 预测领导力挑战。

3.1 活动、组成部分和费用

量化的商业案例基本上由两部分组成——预期收益和预期成本。现在，我们开始研究数据质量方案的成本构成。我们将明确如何分析这些成本，并决定哪些成本应包括在内，哪些应排除在外。

3.1.1　数据质量方案的活动

在分析成本构成之前，你需要了解数据质量方案从开始到结束通常需要开展的活动。本节分阶段列出了这个过程中的典型活动。

第 2 章概述了数据质量改进周期。

根据我的经验，组织会不断重复这个循环周期，每次迭代都需要资金。本章将按照先后顺序对该周期中各阶段进行审查，并确定与之相关的预期成本和收益。

第一次迭代往往伴随着数据质量战略关键要素（如数据质量工具）的首次建立，所以通常需要更多资金。因此，在本章中，我将重点介绍第一次迭代过程。

商业案例的成本主要依赖于改进周期各阶段的活动。表 3.1 简要概述了每个阶段的主要活动。

表 3.1　数据质量方案各阶段的典型活动

项 目 阶 段	典型的主要活动	覆 盖 范 围
商业案例	<ul><li>高层级范围确定活动（例如采购到付款等流程或供应商等数据对象）</li><li>制订高层级计划，包括里程碑和所需资源</li><li>为发现阶段制订详细计划</li><li>确定并记录收益</li><li>确定并记录成本</li><li>获得企业批准</li><li>评估数据隐私要求</li><li>启动活动治理机制（即团队会议或指导委员会）</li></ul>	本章
数据发现	<ul><li>识别关键干系人</li><li>了解业务战略并将其与数据质量问题联系起来</li><li>确定需要解决的关键数据质量问题</li><li>记录高层次需求并确定优先级</li><li>连接流程和数据</li><li>剖析数据</li></ul>	第 5 章

（续）

项目阶段	典型的主要活动	覆盖范围
制定和监测规则	设计阶段： • 记录详细要求 • 商定详细的活动范围 • 设计数据质量规则 • 设计安全模型（如有必要） • 编写设计文件，说明如何实施这些规则 • 为剩余阶段制订详细的项目计划 • 为数据质量工具执行首次设置活动 构建阶段： • 连接要进行质量检查的数据 • 必要时提取、转换和加载（ETL）数据 • 创建数据质量规则 • 创建数据质量报告 • 设计测试方法和脚本 • 对个别规则和报告进行单元测试 测试阶段： • 创建测试脚本 • 执行端到端测试（项目团队） • 培训测试用户 • 执行用户验收测试（最终用户） • 解决缺陷 • 审查测试结果 • 召开"批准/不批准"会议 上线阶段： • 将所有工作转入生产系统（切换） • 培训最终用户 • 为最终用户提供访问权限 • 开展初步试点 • 一对一支持试点用户 • 向更广泛的用户群推广	第6章和第7章
补救措施	• 确定数据质量问题的优先次序，并确定适当的补救方法 • 制订补救计划并定期检查其进展情况 • 运行报告并提出补救计划 • 管理补救活动	第8章
纳入日常运营	• 找出根本原因，防止再次发生 • 建立日常变更流程，以便在项目之外添加/变更规则 • 过渡到日常补救并跟踪补救效果和收益 • 持续向利益相关方介绍数据质量规则的结果 • 启动数据质量管理机构——数据质量问题审查会议、指导委员会等	第9章

在表 3.1 中，将数据质量改进周期中的规则制定和监测阶段合并为一个环节。这两个阶段的组合实际上就是数据质量工具的实施过程。这两个阶段的活动与其他 IT 实施活动类似，包括设计、构建、测试和上线。本章后续将提到这些活动。

因为活动的顺序会根据所选方法的不同而有所变化，你可能会考虑使用不同的项目管理方法。

1. 瀑布式与敏捷式

任何项目或计划都可以采用两种不同的交付方法。许多组织使用"瀑布式"方法——这意味着项目有清晰明确的阶段，通常在项目结束时一次性上线。其他组织则选择使用敏捷式（Atlassian 在其网站上提供了敏捷式的定义和教程：https://www.atlassian.com/agile），采用这种方法，通常会有许多次小规模的迭代上线。这两种方法所需的活动大致相同。无论采用哪种交付方法，项目都必须做到以下几点：

- 制订计划。
- 选择并安装工具。
- 连接数据。
- 设计、构建和测试数据质量规则和数据质量报告。

表 3.1 假设采用的是"瀑布式"方法。

2. 交付框架

通常每个组织都会有一个方案交付框架，其中包括需要完成的各种文件或"工作成果"。每个组织对文件要求不同，外部监管要求较高的行业，通常会提出更高的文件要求。例如通常会要求制药企业评估项目是否影响患者的安全——通常称为 GxP 评估。GxP 的定义见 https://en.wikipedia.org/wiki/GxP。从本质上讲，GxP 是良好操作规范的代表，必须应用这些规范来确保所有产品的安全性，因为将把这些产品卖给消费者，用于治疗疾病。在进行 GxP 评估的同时，还要进行风险评估，以确定测试阶段的实施范围。明确组织内的交付框架，是开始数据质量计划的关键。一旦全面了解方法论，就应该关注早期阶段的实施要求。

3.1.2 早期阶段

如表 3.1 所述，第 7、8 和 9 章将介绍典型项目的后续各个阶段。在本章中，我们将深入探讨和规划商业案例阶段的活动。

这一阶段的主要目标是，让端到端的方案获得高层领导的批准（通常是通过某种投资委员会）。通常，这一阶段将由企业的数据质量经理负责。数据质量经理通常隶属于数据管理团队，专门负责监测和管理数据质量。数据质量经理更熟悉数据治理相关知识，并掌握数据质量工具的运用。如果数据质量经理有相关业务经验，并了解业务成功的关键因素，那么将会非常有帮助。

在数据管理成熟度较低的组织中，数据质量经理这样的角色还不存在。在这种情况下，数据管理工作可能还没有开始，因此要启动一项具有特定范围的数据质量提升方案可能为时过早。有时，管理层会要求 IT 部门的高级领导关注数据质量。在这种情况下，我们的建议是寻找导致组织出现数据质量问题的实例，并利用这些实例创建一些更简单的商业案例。这些简单的商业案例只需计算增加一个专门负责数据质量的人员成本。该商业案例的收益足以支付该人员的费用即可。然后该人员将负责后续数据发现阶段的工作。"定量收益估算"和"定性收益评估"工作有助于识别应该探索的领域，为担任这一基础数据质量角色人员提供工作依据。假设这一角色确实存在，他们需要完成一些典型的活动，包括获得梦寐以求的批准。

高层级范围界定

范围界定活动就是要确定初始范围。通常情况下，若仔细探究，一个组织的任何部门都会存在数据质量问题。你可能会发现自己试图同时关注所有部门的所有数据质量问题。这样做通常会导致失败，除非组织规模特别小。

那么如何确定需要重点关注的业务领域呢？理论上，你应该对业务的每个部分进行详细审查，包括以下内容：

- 业务目标。
- 实现这些目标面临的障碍。
- 对这些障碍进行根因分析（RCA），将其分为流程问题、技术问题和数据问题。
- 比较所有部门/位置的结果，找出影响最大的数据问题——换句话说，那些对实现重要业务目标造成最大阻碍的问题。

然而，本书谈论的是数据质量实践，在现实中，这种理论方法不太可能成功，原因如下：

- 时间太长——当你完成时，对第一次对话的回顾已经过时了。
- 许多业务领域的团队都有其他优先事项，不会重视数据质量问题。这意味着他们不会抽出时间来支持 RCA。
- 有些利益相关方担心他们的数据质量问题会被更多人看到。他们知道存在问题，但是数据质量方案会将这些问题暴露给其他同事。
- 很难做到客观衡量数据质量问题的影响程度——每个利益相关方都认为自己的问题应该是重中之重。

务实的方法是敞开大门——换句话说，设法找出那些已经关注数据质量并在积极寻求帮助的利益相关方。这些利益相关方通常都有一些数据质量方面的经验，并且已经意识到一些障碍是由潜在的数据质量问题造成的。有时，你会发现一些利益相关方凭直觉就能理解数据质量，并成为热心的支持者。这些利益相关方以前可能没有数据质量方面的经验，但在与专家进行几次互动后，他们就会意识到某些管理上一直存在的问题是由数据质量问题造成的。

例如在我工作过的一家企业中，供应链领域的数据质量问题最为严重。该领域的总监非常清楚数据质量问题及其影响。但是他们不愿意与我们的团队合作：

- 他们不想在董事会上向其他同事暴露供应链存在的数据质量问题。
- 他们有自己的数据质量管理方法，并希望继续采用这种方法。

当时的做法是请第三方机构"一次性"清理数据。这项投资并未对该组织产生积极的影响，因为第三方采用的通用数据质量规则并不适用于该组织的数据。虽然取得了一些改进，但最严重的问题仍未得到解决。由于没有将其融入正常业务流程，得到改进的数据很快又回到了低质量水平。

企业的另一位总监（首席财务官）在数据质量问题上经验丰富，知道很多问题都会影响到他们的团队。他们支持并拥护数据质量管理方案。他的支持为我们赢得了在其他领导面前展示的机会。通过这次展示，供应链领导要求与团队一起实施第二个数据质量方案，而实际上，他们获得的收益要比财务部门的收益大得多。通过展示良好的交付能力和成功的记录，该财务项目释放了更大的收益。

高层级的范围界定阶段应充分明确该方案实施的重点领域，以便编制商业案例。例如流程领域或数据对象的详细信息，以及大致的时间表（比如9个月）。第5章所述的"发现"阶段将明确数据质量项目需要交付的全部详细范围。

3.1.3 规划和商业案例阶段

一旦确定了高层级范围和时间表，就可以开始全面规划商业案例活动。接下来将深入探讨表3.1中列出的所有关键活动，并确定其中的主要挑战。

1. 数据质量工具选择流程

项目初期，在没有任何详细需求的阶段就把重点放在了技术问题上，这似乎有些不合时宜。这样做的原因是，一个项目的成本会随着工具的选择而变化。有些项目在开始时不需要任何工具，换句话说，就是利用现有的能力，如数据仓库、可视化工具和电子表格来管理数据质量监控工作。

其他团队会选择 Informatica 或 SAP 等供应商推荐的工具，但这些工具需要一定的成本，还有一些团队可能会使用开源工具。

现阶段没有必要完全敲定采用的工具，但重要的是要对数据质量工具的成本有一个大概的估算，以便在业务论证中提出一个合理的数字。

2. 高层级计划

在早期阶段高层级的范围界定活动中，只确定了大致的时间范围——换句话说，工作预计将在6个月、1年还是其他时间范围内进行？本节中的高层级计划提供了中等程度的细节信息，即足以估算确定成本所需的资源。通常情况下，该阶段所花费的时间和资源将是整个质量方案中最昂贵的部分。

如果测试阶段持续6周时间，需要一名全职的数据质量规则制定人员支持，那么就可以估算出成本。假设规则制定人员的成本是每天400美元，便可将估算总成本（12000美元）列入业务案例的成本部分。

高层级计划以表格的形式罗列了高层次活动，并列出了每项活动预计需要的时间。如图3.1所示，该计划表通常非常简单，只需一页即可完成。

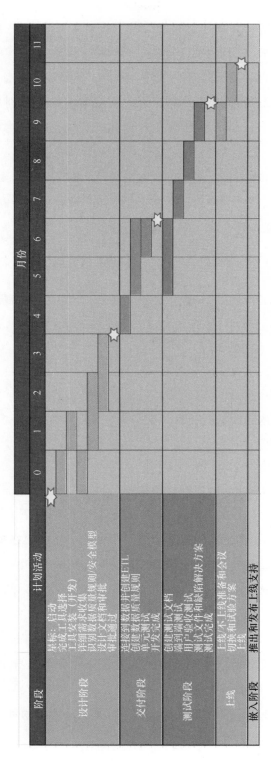

图 3.1　典型的高层级计划

请注意，图 3.1 不包括高层级计划的范围界定活动。假设在没有专项资金的情况下，组织要有足够的内部资源来完成这项工作。可在早期阶段确定工作的基本范围及准确的时间表，这是制定高质量商业案例的先决条件。同样，本章也不包括第 5 章中**发现阶段**所涉及的详细内容。一些组织可能会选择将其纳入商业案例中，特别是在缺乏内部数据质量资源的情况下。但事实上，如果没有第三方咨询机构的支持，就无法开展这一阶段的工作。

各阶段的活动通常会存在重叠。例如测试方法文档和测试脚本主要依赖于设计文档。谨慎的做法是，在编写测试文档之前，先让开发工作取得一定进展。开发人员往往会在早期就注意到设计中的问题，并在工作的前几周对其进行修改。

3. 设计阶段的详细计划

在这一阶段，通常要为设计阶段创建更详细的计划。在项目成功获得批准后，将立即启动设计阶段。该计划通常采用项目管理工具（如 Microsoft Project、Monday.com 或 Atlassian Jira）创建及管理，包括以下内容：

- 进行任务分级。
- 厘清任务之间的依赖关系，并在任务落后时自动更新日期。
- 为任务分配资源。

下面是一个很典型的采用 Jira 的详细计划示例。在这个计划中，图 3.1 中高级别计划的主要任务以线条形式出现，显示为"Epic"，"Epic"下面嵌套着一系列详细任务。一个"Epic"是一个活动摘要，用于将详细任务分组。其目的是让用户在摘要级别上进行操作，并只在需要的地方探索详细任务。图 3.2 中的"Epic"与图 3.1 中的相对应。该详细计划显示了高层级计划中的"完成工具选择"和"工具安装（开发）"两大任务的下一级详细信息。

你可以看到每项任务的状态、开始/截止日期、资源分配（前五行），以及任务之间的依赖关系（连接任务的浅灰色线）。不同颜色的条形图表示任务本身及其完成顺序。条形图的长度表示该阶段和子任务需要持续的时长。

一旦将计划分解到合理的详细程度，就可以开始考虑每项活动可能给组织带来的成本。在创建有意义的商业案例之前，需要确定成本和收益。

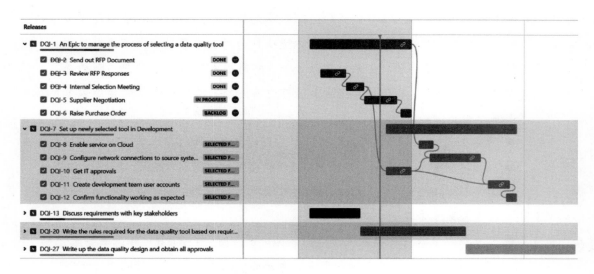

图 3.2　详细设计阶段的典型详细计划

4. 确定并记录收益

这一部分是规划和商业案例阶段最具挑战性的部分，本章将在"定量收益估算"和"定性收益评估"部分进行更深入的阐述。

简而言之，这就是确定关键收益的过程，正是这些收益将使数据质量方案得到预算提供者的支持。虽然在这个过程中，很难得出总收益的一个具体数字（原因将在本章后面解释），但通常可以通过确定足够的效益来证明实施该举措的成本是合理的。

5. 确定并记录费用——费用范围

商业案例规划阶段通常需要开发一个模型，用于确定实施数据质量方案所涉及的成本。

成本模型的起点是确定要包含的成本范围。主要考虑因素包括：

- 方案的范围是什么，对每个阶段的资源需求有何影响？
- 数据质量方案需要哪些关键角色，每个角色的成本通常是多少？例如数据质量开发人员的年薪通常为 60000 美元。
- 履行每个角色需要占用全职员工（FTE）多少比例的时间？例如你需要项

目经理每周工作 3 天还是 5 天？这取决于项目的范围。

- 关于将人力成本纳入项目工作的组织政策是什么？有些组织希望项目只为增加的资源支付费用，有些组织则希望项目为所有人员付费，哪怕每周工作半天也可能得到项目提供的部分资金。有时成本可能由于意想不到的资源而产生。以下是我们在数据质量项目中看到的一些不太常见的资源成本示例。

  ◆ 网络工程师（支持数据质量工具与基础数据源之间的网络连接）。

  ◆ 数据库管理员（解释数据源中的数据模型并提供访问权限）。

  ◆ 应用程序安全团队（设置数据质量工具用于访问数据的角色，并为数据质量报表本身设置安全模型）。

  ◆ 信息隐私专家（根据欧盟《通用数据保护条例》（GDPR）等立法要求，评估所有数据是否涉及数据隐私，如果是，需要采取哪些措施来管理隐私风险）。

  ◆ 采购和法律专家（帮助选择数据质量工具并与供应商签订合同）。

  ◆ 该方案是否需要任何新的软件许可证或硬件？有些组织希望第一年的费用由项目承担，以后再纳入正常业务预算。

6. 确定并记录成本——人力成本建模

一旦明确了成本范围，就必须根据方案的范围和完成计划所需的工作创建更为详细的模型。不同阶段，各种项目角色在方案中发挥的作用大小会有差异，这一点必须考虑在内。

为了说明这一点，我创建了一套商业案例模板，并在一个典型的数据质量实施方案中应用了这些模板（考虑到 Microsoft Excel 易于共享，我使用它制作了模板，但如果使用其他工具，会更加直观）。此处显示的是最终输出结果，即人力成本估算，如图 3.3 所示。

本大纲列出了实施计划所需的每个角色，以及在每个阶段需要他们投入的时间。时间估算在 "FTE 工作量需求" 一栏中以全职等效单位提供。这是商业案例中常用的衡量单位，将工作天数与全职员工 1 年的工作时间进行比较。FTE 工作要求数字是最近开展的一个项目的示例数字，会根据项目的范围而有所不同。

还有几个子模板：

资源	阶段	FTE工作量需求	FTE成本
项目经理	发现阶段	0.2	1,333
	规划和商业案例阶段	1.0	13,333
	设计阶段	1.0	26,667
	交付阶段	0.6	12,000
	测试阶段	0.6	20,000
	上线	0.4	5,333
	嵌入和补救阶段	0.2	1,333
数据质量架构师	发现阶段	0.2	1,333
	规划和商业案例阶段	0.2	2,667
	设计阶段	1.0	26,667
	交付阶段	1.0	20,000
	测试阶段	1.0	33 333
	上线	0.6	8,000
	嵌入和补救阶段	0.2	1,333
数据质量开发人员	发现阶段	0.0	0
	规划和商业案例阶段	0.0	0
	设计阶段	0.4	10,667
	交付阶段	2.0	40,000
	测试阶段	2.0	66,667
	上线	1.0	13,333
	嵌入和补救阶段	1.0	6,667
数据质量测试人员	发现阶段	0.0	0
	规划和商业案例阶段	0.0	0
	设计阶段	0.0	0
	交付阶段	0.5	10,000
	测试阶段	1.5	50,000
	上线	0.0	0
	嵌入和补救阶段	0.0	0
业务人员	发现阶段	1.5	10,000
	规划和商业案例阶段	1.0	13,333
	设计阶段	0.5	13,333
	交付阶段	0.0	0
	测试阶段	1.5	50,000
	上线	1.5	20,000
	嵌入和补救阶段	1.5	10,000
总资源成本			487,333

图 3.3　商业案例中的典型人力成本概要

- 如图 3.4 所示，模板列出了所有必要的角色、需要工作的总天数以及角色的平均成本。

资源	角色定义	估算的FTE成本	项目成本	日费率	工作量（天）
项目经理	状态报告、团队协调、计划管理、问题和风险管理	80,000	80,000	320	250
数据质量架构师	需求收集和定义、解决方案设计、开发人员和测试人员的管理	80,000	93,333	320	292
数据质量开发人员	在所选工具中构建数据质量规则、ETL过程和报告，测试、支持测试	50,000	137,333	200	687
数据质量测试人员	测试数据质量规则并管理来自业务用户上报的问题	40,000	60,000	160	375
业务人员	积极参与需求、设计审查、数据质量规则测试、签字确认	65,000	116,667	260	449

图 3.4　所需角色的详细情况、预期工作量和成本

- 有助于确定 FTE 工作量要求的每个角色的详细假设（见图 3.5）。
- 根据交付成果计算预期工作量，如图 3.6 所示。

角色	假设
项目经理	发现阶段：发现阶段工作由公司的数据质量负责人领导，项目经理每周只需要1天时间（0.2 FTE）就可以创建高级计划并开始为计划阶段做准备。 规划和商业案例阶段/设计阶段：这些阶段需要准备详细的计划，并协调业务资源和开发人员/架构师，因此需要全职项目经理（1 FTE）。 开发/测试阶段：开发阶段需要更少的业务和数据质量团队互动，因此项目经理的协调工作更少，减少到每周3天（0.6 FTE）。测试阶段由项目经理监督，并得到测试人员的支持，每周3天就足够了（0.6 FTE）。 上线/嵌入和补救阶段：这些阶段代表着项目向常规业务团队的移交，项目管理角色逐渐减少到一周2天（0.4FTE），然后每周1天（0.2FTE）。
数据质量架构师	发现/规划和业务案例阶段：该角色在这些阶段就数据质量工具、所需团队和高级别设计提供指导和建议——每周1天就足够了（0.2 FTE）。 设计/开发和测试阶段：该角色主要负责设计和开发，因此是全职的。该角色管理测试阶段所有缺陷的解决，故在该阶段很繁忙（1 FTE）。 其他阶段：随着上线的进行，该角色工作开始减少——在业务习惯于使用数据质量规则的同时提供强化支持（上线时为0.6FTE，补救阶段为0.2 FTE）。
数据质量开发人员	由数据质量架构师管理，这些角色（2名开发人员）需要支持设计过程（0.4FTE）。 设计完成后，他们在开发和测试阶段（2个FTE）进入全职。建立数据质量规则、ETL和报告，并解决已发现的缺陷。 上线后，需要一个精简团队来管理支持问题（1 FTE）
数据质量测试人员	由数据质量架构师管理，这些角色是为了在业务用户要求测试之前发现数据质量规则的问题。因此，它们在开发阶段（0.5FTE）即将结束时至关重要，并在测试阶段（1.5FTE）大幅提升。 在测试阶段，他们还将就如何使用数据质量工具以及如何测试规则对业务用户展开培训和支持。
业务人员	在不同阶段，各种业务用户都需要参与该计划。FTE计数是预期工作的合并。 发现阶段：3名不同的团队成员（每个代表一个部门），每周2.5天（1.5FTE）。 规划和商业案例阶段：3名团队成员，每周约1.5天，帮助确定商业案例的商业效益（1 FTE）。 设计阶段：3名团队成员，每周总计2.5天的工作来审查和签署设计（0.5 FTE）。 交付阶段：除小的澄清点（0FTE）外，此阶段不需要业务用户。 测试阶段：业务用户需要在该阶段的后半部分进行测试。每个测试人员可能每周需要3天，为期2周，但在团队内部进行的测试阶段的前半部分不需要（1.5 FTE）。 其他阶段：在上线、嵌入和修复阶段，业务用户需要付出巨大努力，才能使用数据质量规则的结果来改进数据。这是一项重要的工作，随着数据达到更高的标准并保持在这个水平，这项工作应该会随着时间的推移而减少（1.5 FTE）。

图 3.5　用于确定每个阶段全职等值人员工作量的假设

　　图 3.4 和图 3.5 对于确定图 3.3 中的成本至关重要，这两张图也可以向预算负责人充分表明该方案是经过深思熟虑的，并将对成本进行密切监控。

　　图 3.6 的内容对计算图 3.3 中的成本并非绝对必要。不过，它是一个有用的工具，可对项目成本有一个感官上的核查。图 3.3 的模型基于计划所需时间，以及能够交付一整套数据质量规则的团队，而没有考虑确定要实施的数据质量规则数量。

规则开发工作		规则数	每条规则的工作量（天）	总工作量（天）
低		75	2	150
中		60	3	180
高		25	6	150
总体规则开发和测试工作量				480

其他成本估算	工作量（人*天）
ETL工作量	240
工具安装工作	100
报表开发	250
其他成本总工作量	590

预计总工作量	1,070

与资源估算对账	
计划中的开发人员工作量	687
计划中的测试人员工作量	375
每个计划的总工作量	1,062

图 3.6　基于交付成果的努力估算

图 3.6 根据规则数量估算了所需的开发和测试工作。其中一些成本是相对固定的，和规则的数量无关。具体如下：

- 通常需要花费 100 天左右的时间来建立和配置数据质量工具（在开发、测试和生产环境）。
- 通常情况下，一个数据质量方案需要提交约 10 份报告，每份报告耗时约 25 天（有关这些报告的更多详情将在第 7 章中介绍）。

数据质量方案所涉及的其他费用取决于规则的数量，因此完全是可变的。这些成本包括：

- 通常，成本取决于所需数据质量规则的数量。一开始规则可能非常简单，但有时也可能非常复杂。通常情况下，规则按照复杂性的高、中、低分类，并对每个类别的规则采用标准日估算。
- ETL 数据质量检查的工作量取决于需要连接的系统数量（本示例假定首次连接 3 个系统，每个系统需要花费 80 天的时间）。

在图 3.3、图 3.4、图 3.5 和图 3.6 所示的示例中，共确定了 150 条规则，涉及 3 个不同源系统的数据，开发人员/测试人员为此花费了 1070 个工作日（忽略项目管理工作、设计文档和最终用户测试）。对比图 3.3 计划中的 1062 个工作日，这两个数字非常接近，说明计划和估算是合理的。如果这两个数字之间存在巨大差异，则表明要么需要调整范围以适应团队规模，要么需要调整团队规模以适应范围（后一种调整需要投入更多资金）。

每个组织在确定是否需要将人力成本纳入方案预算时，意见都不尽相同。通常情况下，各组织会要求在预算申请中列入以下项目：

- 为完成方案需要增加的资源。
- 增量成本加上从"日常工作"中重新调配现有资源所需的成本。

7. 确定并记录成本——非人力成本

数据质量方案的大部分成本由人力成本构成。但是，如果不考虑非人力成本，商业案例就不完整。

表 3.2 中列出了需要进行成本估算的典型科目。

表 3.2　数据质量方案中的非人力成本领域

成本领域	项　　目	详　细　信　息
工具	数据质量工具	工具软件许可证，允许开发人员/最终用户提供数据应遵循的业务规则，并根据规则评估数据 例如 Informatica Data Quality、SAP Information Steward 和 Semarchy Data Quality
	ETL 工具	从源系统中提取数据并对其进行转换，以便数据质量工具能根据业务规则对数据进行评估 例如，Informatica iPaaS、SAP BusinessObjects Data Services 和 MuleSoft
	数据可视化工具	利用数据质量工具的结果创建易用报表的工具。该报表用于确定数据质量的所有问题，并快速深入到单个不合格记录 例如 Microsoft Power BI、Qlik Sense、Tableau 和 Google Looker
基础设施	硬件/云计算供应商的能力	新的或现有的应用程序的扩展可能会带来额外的成本。例如托管在云平台（如 AWS、Microsoft Azure 或 Google 云平台）上的新数据质量工具可能需要在现有合同的基础上增加额外的服务器容量，导致成本增加

（续）

成 本 领 域	项　　目	详 细 信 息
基础设施	网络容量	在某些有限的情况下，将数据从数据源转移到新的数据质量工具中，可能需要创建以前不存在的新网络路径，这可能需要对网络基础设施进行投资，才能实现数据移动。有时，还需要为现有的网络能力增加额外的容量
第三方支持费用	应用支持和维护	在项目阶段结束时，任何新开发的软件都需要移交给"日常业务"支持团队。通常，可以是一个应用程序开发或供应商的维护，如 Capgemini、IBM 或 Cognizant。这些供应商可能会因为额外的支持向组织收取更多费用，有时这些费用需要由项目承担

在考虑工具成本时，企业很可能已经拥有 ETL 和数据可视化工具了，重要的是要与这些工具的所有者进行内部沟通，了解他们是否会要求为这些工具支付增量许可费用。如果该工具已在组织中普遍使用，那么在你的项目中使用该工具可能不需要支付额外费用。

数据质量工具在组织中很少见。我在不同组织参与的所有项目，都是从采购一个新的数据质量工具开始的。因此，很可能需要支付软件许可证费用。现有的软件供应商通常会将数据质量工具作为其产品组合的一部分，这样就有可能以较低的成本获得该工具。企业的 IT 部门通常会有一个架构团队，负责维护内部工具的最新目录，并了解企业尚未具备而供应商已经提供的能力。

例如 SAP 的数据质量工具（SAP Information Steward）是 SAP 数据服务企业版产品（许多组织已经拥有）的一部分，从一种许可证类型更改为另一种可能比购买新的许可证更具成本优势。值得调查现有供应商的产品组合，寻找这些机会。

当确定了方案的人力成本和非人力成本后，就该开始考虑收益问题了。

3.2　定量收益估算

正如第 1 章所述，在"启动"数据质量方案时，最困难的挑战之一是量化收益。之前章节已经陈述过，要全面确定一整套收益是不可能的。

在方案的商业案例阶段，通常有很少（或根本没有）的数据质量规则来衡量全部数据。这意味着不知道问题的严重程度，因此也不了解解决问题的好处。

此外，"解决"数据质量问题本身并不能带来业务收益。距离获取收益仍是"一步之遥"，因为只有将修正后的数据成功应用到业务流程中，或基于更完整报告做出更好的会议决策时，才会带来收益。

如果有人认为计算数据质量改进的收益并不像我说的那么困难，可以看看下面的例子。

3.2.1 实例——计算量化收益的难度

在我工作过的一家企业中，供应商主数据中缺少汇款通知电子邮件地址。这个字段用于向供应商发送即将收到付款的通知。

供应商经常询问何时开具发票，财务团队被该问题搞得焦头烂额。财务团队坚持认为 ERP 系统"宕机"，因为它没有发送汇款通知。实际上，ERP 系统正常，只是数据丢失了。

获取和输入缺失数据本身不会带来任何收益。效益来自于减少了财务团队解决供应商付款查询所需的时间。要评估这一点，我们需要知道解决一个请求的平均时间，并预测减少的请求量。这种预测很难做出。以下是准确预测的步骤：

- 确定向没有汇款通知电子邮件地址的供应商开具发票的历史数量，并估算未来的发票数量。
- 确定从这些供应商收到的付款查询的历史数量。
- 确定将添加的电子邮件地址数量。
- 假设这些供应商付款查询将减少 80%。
- 计算每张发票的历史查询次数，并将查询次数减少 80% 的假设应用于未来的发票数量。
- 再乘以解决查询所需的平均时间。

这是一个相对简单的计算方法，但它只是为我们提供了针对单个数据质量规则补救数据的业务收益的算法。鉴于大多数数据质量计划都包括 100 条或更多规则，因此计算准确的预期业务收益往往比实施数据质量方案本身还要费力！

3.2.2 量化策略

如果在数据质量方案中很难进行收益量化，那么我们可以采取哪些可行的方法？本节概述了迄今为止我所采用的方法，并讨论了每种方法的优缺点。

方法 1 ——计算足够的收益来偿还成本

在"活动、组成部分和成本"部分，我们介绍了一种计算成本的方法。

一旦有了估算的成本，一种量化方法就是采用标准的商业案例方法——确定并量化足够的收益来弥补成本。以下是该方法的详细介绍。

1）对发现阶段已识别的数据质量挑战进行优先排序，并尽可能准确地计算出每个实例的潜在收益——优先级从最高到最低。

2）重复上述过程，直到已确定的收益足以在相对较短的时间内收回成本（例如 2 年）。

图 3.7 是应用该方法的一个实例。

详 细 计 算	结　果	计 算 公 式	辅 助 信 息
单张发票的平均汇款查询率	5%	6000/120000	上季度对 12 万份供应商发票提出了 6000 次汇款查询（5%）
下季度汇款查询的预期次数	7500	5%×150000	下季度的发票数量预计为 150000 张
下季度解决汇款查询的工作量（天数）	166.7	7500×10/（60×7.5）	每个查询平均需要 10 分钟解决每个工作日为 7.5 小时。
每年解决汇款查询的工作量（天数）	666.7	166.7×4	如果不采取任何行动，发票数量和查询百分比全年保持不变
每年的成本	**125000**	45000/240×666.7	假设每年工作 240 天，担任这一职务的全职员工的年度费用为 45000 美元

图 3.7　单一规则收益的详细计算

假定 80% 的供应商都能提供汇款通知电子邮件地址，成功将查询次数减少 80%，根据上述方法计算得知该数据质量方案预计可从这一规则中节省 10 万美元，相当于估算总资源成本（48.7 万美元）的约 20%。

下一步是继续确定能带来效益的其他规则。可以从以下方面寻找最佳范例：

- 可能影响许多交易的主数据问题——例如影响数千甚至数百万发票的客户主数据问题。
- 可能影响收入的数据问题。例如众所周知，数据问题会引发客户投诉，进而影响这些客户的订单量。

- 可能会延误重要产品发布或项目完成的数据问题。通常情况下，影响产品发布或项目完成的商业案例已经存在，可以很容易地量化这些效益的延迟。

- 组织中受严格监管的领域，数据质量问题可能导致罚款或负面新闻。

在达到合理的投资回收期前，可以不断积累确定的收益，然后进行展示。这是商业案例开发中非常标准的做法。

 注释:

　　https://www.accountingtools.com/articles/payback-method-payback-period-formula 上述网址对投资回收期进行了解释，投资回收期法因其简单易行而被广泛使用。

唯一与标准商业案例方法不同的是，我们并不试图确定所有的收益。我们使用的是一组有限的例子来建立足够的收益。如果使用这种方法，必须强调的是，很大程度上会低估收益。成本压力大的组织通常只会开展投资回收期很短（1年或更短）的项目，但数据质量方案的投资回收期通常比较长。

对该方法的评价

这种方法的"优点"在于，它是一种非常标准的做法，大多数项目管理办公室和高层领导都会认可。它与大多数组织的决策方法和模板相符。

这种方法的"缺点"如下：

- 相比其他更传统的案例，这种做法并不会让数据质量商业案例脱颖而出。投资回收期可能会更长，对于规模较小的企业来说，可能很难确定足够的收益来弥补成本。对小型企业影响更大的原因是，交易数量相对较少，因此一个小的主数据问题不会像对大型企业那样影响成千上万（甚至上百万）的交易。

- 这种方法非常耗时，要求质量人员必须非常努力地研究识别和解决数据质量问题的效果。每条规则都必须足够稳健，无可挑剔。

方法2——计算有限的收益并进行推断

该方法与方法1非常相似。主要区别在于，并不刻意追求在很短的投资回收期内收回成本。在收益确定和量化工作上花费更少的时间，并证明收益将以不同的方式扩展。

具体方法如下：

1）选择在发现阶段最突出的两到三个数据质量问题进行"深度挖掘"。

2）尽可能准确地计算每种方法的潜在收益。

3）对已知问题/规则的其余部分进行收益推断。

重要提醒，一定要记录下计算步骤 2）中的收益所需的时间。最好用"工作量（天）"来表示投入，通过记录这些工作量，你可以轻松地向高层领导解释为什么商业案例的收益不像他们习惯看到的那样全面。

如果计算三条潜在数据质量规则的收益需要一个人花费两周时间，而潜在的数据质量规则可能有 150 条，那么计算全部收益就需要一个人花费 100 周时间。在商业案例调研过程中如此高的成本是完全无法接受的。

计算收益的方法与图 3.7 中所示的方法非常相似，但所做的假设必须更加可靠，因为这些假设将推断出更多的人力成本。不必试图完全弥补该方案的成本。即使发现收益只占成本的 20%，也可以停止计算收益，然后运用外推法。

这一过程将成本数字视为"目标"，并提出难以质疑的成本假设。请看下面的例子：

- 费用为 48.7 万美元。
- 根据计算，两年内三个案例问题的收益为 15 万美元（31%）。
- 在发现阶段识别 30 个其他可能的数据质量问题。
- 即使平均每项规则在两年内只提供 11250 美元的收益，也会在这两年内收回成本。

这个假设过程难以质疑。在此期间，"最佳"的三个问题各确定了 5 万美元的收益，几乎是其他 30 项规则收益的五倍。此外，还可能发现更多的规则，并带来更多的收益。通常情况下，数据质量方案从少量规则开始，总是会不断发现更多规则。

对该方法的评价

该方法的主要"优点"是比方法 1 省时得多，且收益计算仍然非常稳健。可以先采用该方法，如果没有成功获得批准，再改用方法 1。

该方法的主要"缺点"是不符合传统的商业案例做法，相比方法 1 更容易受到质疑。

该方法在规模较小的组织中效果更好，因为在这些组织中，商业案例的展示可能会有更大的灵活性，可以采用不同的方法。规模较大、项目管理办公室非常正规的组织可能会坚持要求商业案例采用与方法 1 类似的方法。

方法 3——自上而下的收益计算

该方法与前两种方法差异较大。它通过查看组织内部的指标，并将其与类似组织进行比较，以发现自己可能表现不佳的地方。

然后，通过估算可达到的基准收益，并确定其中有多少收益可归因于数据质量问题的解决。它并不关注数据质量问题本身的细节。

表 3.3 展示了该方法的详细步骤。

表 3.3　如何使用方法 3 估算收益

步　骤	详 细 信 息	示　例
分析指标与基准	发现阶段的研讨会应确定在哪些业务领域存在最严重的数据质量问题 获取基准数据（例如从 Gartner 或 Hackett Group 等机构）。基准将根据企业的规模和行业量身定制	如果供应商和采购订单数据被确定为一个潜在问题，则将获得采购到付款（P2P）流程的基准 其中包括准时付款率、发票处理时间和单张发票的成本（P2P 团队）
估算收益	分析当前组织绩效与合理的基准之间的差距，并确定组织达到基准后的收益	如果单张发票的成本从 35 美元降至 15 美元，那么收益就是 20 美元乘以预测的发票数量
识别归因于解决数据质量问题的收益	这一步需要调查目标流程中的操作人员。理想情况下，所有操作人员都应接受调查，让他们将所遇到的问题按一定百分比分配到各种杠杆上，如数据质量、系统问题和流程设计	向参与发票处理活动的 P2P 操作人员简要介绍数据质量、系统和流程问题的定义，然后要求他们将所遇到的问题按百分比分别归类 结果可能如下： • 数据质量问题——20% • 系统问题——40% • 流程设计问题——30% • 其他——10% 然后在"估算收益"步骤中计算出的收益将减少到 20%，以便将其纳入数据质量商业案例收益中

注释：

　　有关 Gartner 及其基准服务的更多详情，请访问：https://www.gartner.co.uk/en/insights/benchmarking。

　　有关 Hackett 及其基准服务的更多详情，请访问：https://www.thehackettgroup.com/best-practices-benchmarking/。

　　如果你已经得到了组织中高层领导的大力支持，这种方法往往最为有效。通常在这种情况下，数据质量已经被认为是企业面临的一个主要问题，领导者渴望迅速采取行动。

对该方法的评价

该方法的优点如下：

- 它通常与企业领导者的战略和目标直接相关——他们通常希望提高与类似组织的比较基准。
- 这是一种相对高效快速估算业务收益的方法。

该方法的缺点如下：

- 可能相当具有政治性。通常情况下，制定基准会导致劳动力的减少。例如在 P2P 的单张发票成本指标中，降低这一指标通常意味着可以用更少的员工处理相同数量的发票。流程负责人可能会认为他们的团队被"盯上了"，从而失去参与积极性。
- 减少详细分析往往意味着更容易对估算提出质疑。领导者试探性的询问可能会使商业案例显得不够全面。

　　我们讨论了商业案例收益计算的三种潜在方法，并对它们进行了评价。可以看出，方法 1 是最标准的，也是组织通常对商业案例的期望。但是，它的准备工作效率不高。其他两种方法，尤其是方法 3，更具创新性，也更有效率，但那些工作方式中规中矩甚至有些古板的正规组织可能不会接受。

　　任何情况下，考虑其他更广泛的收益，来创建一套完整的商业案例都非常有必要。下一节将对此进行详细说明。

3.3 定性收益评估

定性收益是那些无形的收益，无法被足够明确地量化，故不能列为定量收益。

大多数定性收益与避免不同类型的风险有关。因为它们只是一种可能的风险，因此不容易被量化，也无法准确衡量其对过去事件的影响。以下是一些典型的数据质量风险示例：

- 对合规风险的影响。
- 信誉风险——包括对品牌的看法，以及对客户、供应商和员工声誉的损害。
  尤其是员工的不满会影响整体效率和员工留任率。
- 未来项目/活动交付面临挑战的风险。

最后一个例子可以逐个项目进行量化，在可能的情况下，可以将收益纳入企业案例的量化收益领域。不过，一般来说，上述最后一类挑战说明了一个事实，在实现定性收益后，未来的每个项目（即使是目前未列入任何计划的项目）都将更容易实现。回到第 1 章 "量化问题数据的影响" 一节中的电子发票示例，如果在该项目之前已经实施了数据质量方案，那么就可以节省 3 个月的咨询成本（假设增值税和电子邮件地址字段属于数据质量方案的范围）。

在商业案例的质量上投入适当的时间非常重要。许多人都犯了一个错误，那就是简单地列出收益类别，并提供几句 "补充" 信息来支持每一个类别。这些信息往往会被利益相关方忽略，因为它们过于笼统且未经证实。

为了避免这种错误，我建议使用各种工具和技术从利益相关方那里获取详细信息。可以采用调查和焦点小组的方式收集详细信息。

3.3.1 调查和焦点小组

一种有用的方法是尝试在定性收益中加入量化元素。与 "定量收益估算" 部分中方法 3 的最后一部分类似，这涉及利用调查和讨论小组来获取和记录意见。

例如你可以进行如下调查（本调查使用 Momentive.ai 的 SurveyMonkey 免费创建：

https://www.surveymonkey.com/），如图 3.8 所示。

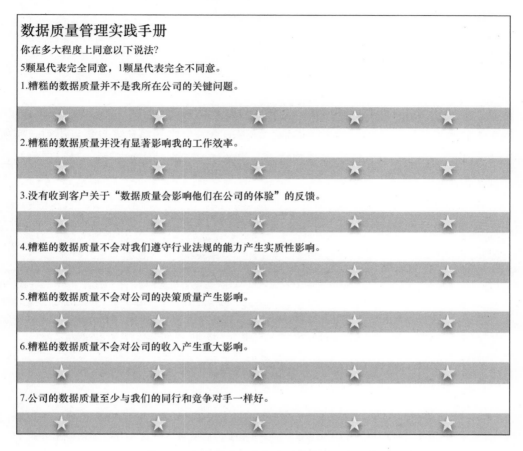

数据质量管理实践手册

你在多大程度上同意以下说法?

5颗星代表完全同意，1颗星代表完全不同意。

1.糟糕的数据质量并不是我所在公司的关键问题。

2.糟糕的数据质量并没有显著影响我的工作效率。

3.没有收到客户关于"数据质量会影响他们在公司的体验"的反馈。

4.糟糕的数据质量不会对我们遵守行业法规的能力产生实质性影响。

5.糟糕的数据质量不会对公司的决策质量产生影响。

6.糟糕的数据质量不会对公司的收入产生重大影响。

7.公司的数据质量至少与我们的同行和竞争对手一样好。

图 3.8　定性收益研究中使用的典型调查问卷

　　类似这样的问题也可以在焦点小组中提问，人们可以为自己的答案提供详细的理由。被记录的答案样本作为证据纳入商业案例中。在发现数据质量问题并通过补救措施解决之后，再出现这些问题会很有帮助（见第 8 章）。通过比较调查"之前"和"之后"的结果，有助于说明质量改进方案实现的收益。

　　理想情况下，调查和焦点小组的结果应按职能、资历和任何其他相关维度进行分组。这样做的好处是可以对职能部门的高层领导进行"事实纠正"。在项目决策委员会中，某些领导者可能会抵制数据质量改进方案，因为他们不认为自己负责的领域存在问题。如果其职能部门的调查结果显示高层领导的意见与操作层面的意见脱节，这就可以成为影响该领导的有用依据。

一旦调查和焦点小组讨论结束，就可以与参与者就更详细的调查结果展开讨论。重要的是，要确保对结果进行足够深入的记录，以便让决策者参与其中。

3.3.2 详细阐述数据质量定性风险

接下来本节将探讨一些与数据质量方案相关且常见的定性风险。

表 3.4 显示了风险相关问题的主要类别。详细信息一栏中的信息来自焦点小组，实例证据来自调查结果。这些都是在需要考虑到特定组织的情况下来精心编写的，显示了对利益相关方的具体影响。

表 3.4 来源于定性分析的典型数据质量风险

领　　域	详　细　信　息	改善数据质量的预期收益	实　例　证　据
合规风险	呈报给监管部门的数据经常会有缺失或不准确 每次提交数据后，监管机构都会联系首席数据官，对数据质量控制提出担忧	改善与监管机构的关系，增强监管机构的信心 避免今后因监管机构的介入增加成本的风险	对监管报告团队的调查显示，76% 的人认为数据质量差严重影响了组织遵守监管规定的能力
员工参与风险	在 P2P（从采购到付款）流程领域，由于数据质量问题需要采取变通方法，员工的挫败感很强 这些变通方法意味着团队要花费比预期多得多的时间进行详细的手工操作，并导致在大多数交易中收到系统错误信息 他们无法开展增值活动，如供应商绩效管理或供应商整合及支出分析 P2P 的员工上一年的流失率达到了 47%	员工留任率将会提高，员工也能从事更广泛、更高层次的增值活动	82% 的 P2P 员工表示，数据质量差对他们的工作产生了很大影响
决策失误的风险	报告中使用的数据往往不完整或不准确，导致决策时无法信任这些数据 报表用户要么无视报表，直接从源系统中生成自己的分析结果，要么在使用报表后才发现决策有误 最近，根据错误的原材料成本报价和一个大客户签订了一份合同。一旦原材料成本得到纠正，本来薄利的合同就变成了亏损合同。该合同定价的初表是为了吸引客户，但亏损的合同肯定不会获得批准	决策要符合公司战略，和这位客户的亏损合同不应该签订	43% 的高层领导表示，他们认为数据质量差会对决策质量产生重大影响。而在运营和商务领域，这一比例则达到 72%

（续）

领　　域	详　细　信　息	改善数据质量 的预期收益	实　例　证　据
信誉风险	客户受到数据质量问题的直接影响。客户调查显示，有些公司被认为"很难合作"，所举的例子大多与数据质量有关——例如送货地址未更新，导致冷链产品送错地点 例如某个大客户表示，如果再次发生此类问题，他们将转向竞争对手，尽管他们更喜欢我们的产品	客户保留率和客户获取率都会提高，与忠实客户的关系也会加深	品牌团队报告称，净推荐值（NPS）正在下降（去年从 20 分降至 10 分），客户品牌调查显示了对运营流程和数据的担忧 64% 的客户服务团队表示，客户经常告诉他们，数据问题影响了他们在公司的体验
未来项目的风险	我们的业务战略规划了财务领域的重大转型，计划实施几个新系统。这些系统包括财务合并系统、财务规划系统，以及以财务为重点的新数据仓库和可视化工具 这一领域的详细数据需求尚不明确，因此无法量化风险。众所周知，围绕会计科目表和成本中心结构的数据质量很差，无法支持如此大规模的项目	如果在这些项目开始之前就批准一项以财务为重点的数据质量提升方案，那么财务项目按时并按预算运行的可能性就会大大提高	负责管理会计科目表和成本中心的财务团队，在一份有关数据质量影响生产率的调查报告上显示，公司的得分特别低（91%）

如果能在这些方面下功夫研究，并添加一些定量细节，如调查结果数字，这样的定性分析就会更有影响力。

在同事的支持下传播定性研究的信息往往非常重要。例如让其中一位运营或业务领导（表 3.4 中提到的 72%）举例说明哪些方面的数据给他们的决策带来了挑战，这样会更有说服力。

在本章中，我们概述了如何创建商业案例的关键组成部分——详细的成本、量化的收益以及支持性的定性信息。有了这些内容，你就可以制作出一份令人信服的商业案例，并随时准备展示。

3.4　预测领导力挑战

现在到了向董事会提交商业案例的时候了。董事会的高层领导们预算有限，而且他们认为"永无止境"的项目会占用他们的预算。

所以领导们的处境也很艰难。不得不让一些申请人失望，拒绝他们的请求，尽管他们知道，在大多数情况下，申请人为提出一个强有力的商业案例付出了极大的努力。

为了做出高质量的决策，接受对组织影响最大的项目和方案，领导者必须提出具有挑战性的问题。他们只能假设案例都是真实有效的，不会在受到轻微的挑战时就原形毕露。

这意味着申请人必须预判各种挑战。本节的目的是让你尽可能做好应对这些挑战的准备，并为你提供获得批准的最佳机会。我们将介绍数据质量方案面临的最常见的挑战和最佳应对措施。

3.4.1 "Excel 就可以完成工作" 的挑战

在介绍数据质量工具的实施时，我曾多次听到过类似的质疑——在 Microsoft Excel 等工具中编写数据质量规则很容易。

这是指利益相关方利用你已经测算出收益的某项规则，挑衅性地表示他们可以做以下事情：

1）将数据从源系统下载到 Excel 中。

2）创建 Excel 公式来验证哪些行正确，哪些行不正确。

3）生成一份需要清理的记录清单。

通常，他们会说可以在 30 分钟或更短时间内完成这项工作。

在单一规则层面上，这一点很难反驳。提出在 Excel 中完成工作的建议通常是可行的（真正复杂的规则除外）。

对此的答复应该是：

- 这与在单一时点衡量单一规则无关，而是要创建一个规则组合，从整体上突出我们数据的能力和缺陷。

- 要自动进行分析，每天刷新，并显示数据质量的趋势。在特定日期做一次这样的分析并不能持续改善数据质量。充其量只能带来短期改善。将每天 30 分钟的 Excel 分析工作添加到你的常规业务流程中，最终会增加大量的资源投入，而且对于相关员工来说，工作性质也会是重复性的。

- Excel 并不适合保存所有类型的数据。例如员工数据受 GDPR 保护，而以 Excel 电子表格保存这些数据存在合规风险。此外，由于 Excel 处理错误而导致数据损坏的情况也很常见。

- 需要为人们提供有缺陷数据的定制视图，以便他们能够快速有效地采取行动。例如数据质量不合格的数据报表，不仅会显示哪个供应商缺少电话号码，还会提供该供应商的电子邮件地址字段（如果填写完整），以便请求电话号码。

复现 Excel 所能完成的数据质量方案工作（每天对 100 多条规则进行分析）是难以管理的。此外，一个人也不太可能有足够的源系统访问权限，来下载数据质量规则所需的大量分散数据。从访问管理的角度来看，共享这些 Excel 电子表格会使数据失去控制。

3.4.2　持续费用所有权的挑战

下一个最常见的挑战是质量提升方案完成后的成本问题。

通常，质量提升方案会产生以下类似结果：

- 维护工具的费用——因为数据质量规则会随着时间的推移而改变，源系统结构也会随之改变。软件本身也需要升级。
- 许可证费用，通常每年收取一次。
- 一套会显示"问题数据"的报表。各职能部门的团队成员需要对这些报表进行审核并"采取行动"。在一些组织中，可能会成立一个专门的数据治理团队，在日常工作中操作这些报表。

高层领导希望了解，这些费用在未来的组织预算中是否有明确的"归属"。这可能是一个很难回答的问题。未来，数据质量"功能"是作为对组织其他部门的服务，由单一职能部门支付，还是每个职能部门在各自的预算中承担一部分费用？

我的经验是，后一种方法从未真正奏效。只要有一个职能部门改变立场，协议就会失效。在进行商业案例讨论时，关键是要与单个职能部门的领导达成一致，即在工具投入使用后，将工具纳入其正常的业务预算中。候选职能部门如下：

- 数据办公室（即首席数据官的专门职能）——如果有的话。
- IT 部门（如果 IT 部门拥有数据）。
- 数据质量负责人所在的另一个职能部门（通常是财务部门）。

可以在董事会上进行讨论后达成一致意见，但这应该是最后的手段，因为肯定会有审批会议之外的讨论。当没有任何职能部门事先同意负责数据质量，但每个职能部门都支持这件事时，这么干可能是正确的做法。在这种情况下，就需要对决策进行讨论，由一个跨职能部门的领导推动达成明确的结果。最好主动提出，而不是等问题久拖不决后再去寻求帮助。

3.4.3　费用过高的挑战

另一个非常常见的挑战是，这项方案费用过高。可以与"Excel 就可以完成工作"的论点相结合，形成"双管齐下"的攻击！

提出这一挑战的领导者通常会选择计划中的一部分，并对其成本进行抨击。例如在成本模板的"活动、组成部分和成本"部分，测试阶段的成本最高。一个典型的问题是："为什么测试费用如此之高？可以采用更便宜的方案。"

我通常会为这类挑战做如下准备：

- 花时间考虑成本计算的每个方面，并思考可能提出的质疑。针对每个难题，记录合适的答案。例如关于测试问题的答案，实际上包括两个不同阶段的测试（其中一个涉及最终用户），以及测试中包含的缺陷纠正过程——这本质上是进一步的开发工作。
- 准备好成本更低的缩减范围版本——例如最初只负责一个流程领域而不是两个，或者只负责一个数据对象而非两个。
- 解释首次数据质量方案比后续工作成本高得多的原因。有固定的安装成本，如软件和硬件许可证、培训文档、设计文档（在以后的开发过程中会不断更新）以及新数据源的 ETL 流程。
- 最后，通常值得探讨的是，不实施数据质量方案会给组织带来多大的损失。有一家机构在举例说明了因数据问题而缺失的能力后，批准了一项方案。例如资产登记册对该组织至关重要，但登记册的数据质量很差，无法确定哪些资产仍在使用。

3.4.4　"我们为什么需要数据质量工具"的挑战

该挑战通常与成本挑战同时出现，往往来自技术作用不太重要的职能部门。

通常，与数据领域的其他工具相比，数据质量工具的许可证费用会显得相对昂贵。微软 Power BI（用于数据可视化）的专业版账户每位用户每月仅需 9.99 美元。而数据质量工具通常要贵得多，这可能会让利益相关方感到惊讶，以至于提出质疑。

我坚信，从长远来看，数据质量工具对成功至关重要。它们为自动和定期监控数据质量提供了最有效的方法。

回答这个问题的一个好办法是与数据质量工具供应商的其他客户进行参考通话，请他们阐述所取得的收益，以及对数据质量工具必要性的看法。通常，外部意见会改变组织内部的决策。

可以采取的另一种方法是，在没有专用数据质量工具的情况下开始实施方案，并逐步产生收益，为专用工具提供资金支持。虽然我们认为工具是必要的，但也有"变通"方案。例如可以使用数据可视化工具连接数据源，并添加逻辑，将数据分为"不合格"和"合格"两类。

由于数据可视化工具的工作包括复制标准数据质量工具的功能，因此该方法的成本很快就会增加。此外，这种方法的稳定性也较差，往往会在某位特定的开发人员离职后开始失效。不过，该方法可以作为入门指南。

我对数据质量工具的总体建议是，如果没有一个公认的数据质量工具来展示你所做工作的潜在价值，也是可以开展工作的。但如果没有这项投资，就不可能最大限度地发挥工作的整体价值。重要的是要确定目标——选择一个专门构建的数据质量工具，而不是试图扩展为其他目标所设计工具的功能（例如主数据管理或数据可视化工具）。

3.5 本章小结

数据质量商业案例是一个非常具有挑战性的领域——该阶段失败的方案和成功的方案一样多。

本章给出了一个明确的信息：做好充分准备至关重要。通常情况下，与审批委员会成员提前分享准备工作非常重要。如前所述，数据质量商业案例与人们习惯看到的案例有很大不同，乍一看，它们可能不像其他案例那样具有竞争力。

如果你能一对一（或小组）进行解释，往往有机会在决策会议前回答具有挑战性的问题，并让利益相关方能公正地听取你的方案。

在获得所需的批准过程中，需要付出很多努力。一旦获得批准，就可以开始实施质量提升方案。有时，人们在准备商业案例时花费了太多精力，以至于没有做好在预算到位后立即行动的准备。商业案例获得批准后的几周时间非常关键，不能耽误。下一章将概要介绍这几周的工作，以及如何为方案取得成功做好准备。

4

数据质量方案入门

对于参与数据质量方案的人员来说，商业案例获批后的几周是最紧张的阶段之一。获得批准是交付第一批数据质量规则的发令枪。需对最后期限做出明确承诺，遵守最后期限对于将预算控制在批准范围内至关重要。

每延迟一周都会导致成本大幅增加，并且面临必须重新申请更多预算的风险。

本章概述了列入最初几周议程的所有事项，并就如何保持多任务并行处理提供了一些指导。有助于确定在各项活动中需要实施的工作流程，以及需要为这些工作配备的人员类型。

本章涵盖以下主题：

- 预算批准后的最初几周。
- 了解数据质量工作流。
- 选择适合的团队成员。

4.1 预算批准后的最初几周

在第 2 章的最后一节，数据质量改进周期概要介绍了第 3 章中的成本核算和计划活动。为简单起见，这些章节中项目计划示例均是按时间发生顺序展示每项活动——即一项活动通常在另一项活动完成之后开始。

但现实情况有些不同，例如：

- 在进行数据发现工作时（第 5 章中介绍），不可避免地会发现一些已知且关键的数据质量问题，这些问题不能等到整改阶段才解决。
- 通常情况下，当设计工作还没结束时，开发人员便开始构建数据质量规则。在设计阶段开始时商定的数据质量规则通常会同步至开发人员，以便与设计工作同步进行——以延长开发阶段，并在不影响项目日程的情况下，对规则进行完善/澄清。例如开发人员将规则转换为技术代码。在检查数据后，如果发现规则需要进一步澄清，他们还有机会在设计阶段反馈给项目团队。
- 测试工作也需要在数据质量方面投入大量精力，并且通常需要在开发人员仍在构建规则时就开始相关工作。
- 事实上，如果你认为在数据质量提升方案中所有事情都同时发生，也不是没有道理。下文将概要介绍最初几周的关键活动，这些活动对于启动工作至关重要。

最初几周的关键活动

在商业案例阶段之前，通常只有很少的预算可用于数据质量提升方案。这些预算将用于支付人员费用，以帮助制订计划、定义初始范围，以及确定成本和收益。这意味着已经有人在参与方案的工作，他们有望在获批的商业案例预算的资助下继续开展工作。

然而，这个小型商业案例团队需要扩充为完整的项目团队。寻找所需人员的方法有多种，但最常见的是咨询第三方公司。因此，一项关键活动就是选择这些供应商资源。

1. 供应商选择

首先，需要说明的是，使用第三方供应商并不是必需的，也可以通过以下方式。

- 利用人才市场：寻找一些以独立身份工作的数据质量专业人员签订短期合同。
- 使用内部资源：例如可以通过设立新职位或借调的方式，使组织的一些人员参与到项目中。

从长远看，数据质量方案需要一系列不同资源的支持。通常，第三方供应商对于数据质量规则设计、构建和测试等人员投入密集阶段是有意义的，但从长远来看，内部资源至关重要。第 9 章中介绍的活动最好由内部资源来执行。

就本节目的而言，假设第三方供应商将提供大部分资源，这是最常见的资源配置模式。这种模式有以下优点：

- 供应商有责任提供一个技能全面且配合默契的团队。
- 供应商通常在你的组织中执行其他项目或从事支持工作，数据质量团队可以与这些团队的其他组织成员配合，例如基础架构工程师可以支持数据质量团队的防火墙更改请求，以支持与数据质量工具的连接。

一些供应商会签订固定价格合同——这意味着如果出现延期，供应商将比业主承担更大的风险。

在为数据质量方案选择供应商时，组织内部会有一个明确的出发点。同时，可能已经有某个供应商为大多数项目提供资源，或者你可能已经选择了某个供应商，如果进展顺利，你可能会决定与该供应商继续合作。

然而，组织通常会通过某种选择流程来确保出价具有竞争力。在较大的组织中，这通常由采购团队通过招标（RFP）流程进行管理。我不打算在这里深入解释 RFP 过程——我相信一些优秀的采购书籍会比我做得更好。接下来介绍一下我过去选择数据质量供应商的主要因素。

2. 数据质量资源深度

人们很容易认为咨询行业中那些规模最大、知名度最高的供应商在各个领域都拥有丰富的资源。我工作过的一个组织，当时的供应商确实表现良好，项目做得非常出色。而该供应商在服务另一个组织时，其表现却不尽如人意。

证据如下：

- 他们的项目所在国没有数据质量方面的人才储备，团队成员被要求每周出差一次。
- 为了完成我们的项目，他们发布了新的职位广告。
- 关键人才资源只能以顾问身份每周提供一天服务，以支持经验不足的工作人员。

当时，该组织在全球范围内只有约 25 人拥有直接的数据质量项目经验。大部分人的经验也相对有限（大多数团队成员只有 1~2 个项目的经验）。

在此案例中，该大型供应商的竞争对手是一家专门从事数据治理的小型咨询公司。这家小型公司（总共只有 150 名员工）拥有比著名的大型公司更多的数据质量专家。他们在投标中展示了深厚的专业知识。虽然日均费用非常高，但总成本较低，原因是他们可以提供一支精悍且高效的团队，能一次性完成任务。

供应商选择过程中，提出以下问题非常重要：

- 该团队在全球以及项目所在国家/地区的数据质量实践的经验有多少？
- 该拟定团队成员所拥有的数据质量直接经验的平均月数是多少？
- 团队中有多少人对我们准备实施的数据质量方案所选择的技术富有经验？

团队的经验是决定项目成败的关键因素，因此探明供应商的经验深度是关键。

3. 成本

显然，成本是选择供应商的关键因素。至此，应该基于对潜在供应商的预期工作天数和日均费用的研究，使预算达成一致。

如果供应商估算的成本高于商业案例中估算的成本，此时最好缩小方案的范围，而不是立即申请额外资金。通常，竞争流程可以将成本控制在适当的水平，如果供应商意识到他们是唯一的竞标方，那么他们不会在价格方面感受到压力。

必须对成本估算进行适当比较，以确保它们是"对等的"。如果一个供应商最多处理 50 个缺陷，但另一个供应商没有对缺陷数量进行限制，则第二个提案性价比更高。

另一个需要考虑的重要方面是，供应商建议分配给项目的人力资源类型。投标供应商可能通过使用更多资历较浅、日均费用较低的人员来降低报价。最初可能很有吸引力，但团队成员必须有足够的经验才能满足要求。实际上，在复杂度较高的情况下，另一个费率较高、价格较高的供应商可能更合适。

在总价相近的情况下，费率较高的供应商通常是更好的选择，因为这样能得到资深的人才，他们可以一次性正确交付，并且可以指导客户，交付更多成功所需的成果。这里最重要的信息是，在回应所有供应商的投标时，必须确保他们提供了完整的人力清单和范围成本明细，以便进行详细比较。

4. 加速器

许多从事数据质量提升的公司将他们的工作方法开发为"加速器"。这里所述的"加速器"是一种通用的工作方法论，可以很容易地介绍给新客户，并且与新客户契合。例如我合作过的某供应商有一套完善的方法来检测 SAP ERP 系统中沉寂的供应商数据。他们知道哪些数据表用来检查活跃度，并且明确知道要查找什么。作为客户的我们，只需要向他们提供一个时间段，过了该时间段，我们便认为供应商是沉寂的。这为整个项目节省了 5~10 天的时间。

优秀的供应商还能够查看数据质量规则的样本集并提出建议。他们能够评估构建这些数据质量规则的工作量，并识别规则中需要在开发之前解决的所有待明确事项。或许他们还可以提出尚未考虑的其他规则。

5. 行业知识

在某些行业，供应商拥有一定的行业经验非常重要，制药或银行等受严格监管的行业最为需要。例如在制药行业缺乏经验的供应商，可能无法准确评估设计和构建数据质量规则的工作量。

制药公司必须在高水平的治理下运营，因为他们的运营与患者的安全息息相关。如果你在这样的行业工作，那么探明供应商的经验并对他们的评估进行"压力测试"非常重要，以确保他们有足够的时间进行额外治理。

6. 业绩记录

与所有采购活动一样，请以前和现在的其他客户提供推荐信也很重要。大多数潜在的供应商都会愿意与他们的客户沟通，讨论他们与客户合作的经验。在数据质量领域，要把推荐信作为合适的参考材料，应符合以下要求：

- 理想情况下，它应该来自关键项目团队成员合作过的客户。
- 应该来自使用相同技术栈的人员（例如类似的源系统和类似的数据质量工具）。
- 应该来自数据治理成熟度处于类似水平的组织——一个多年来一直致力于提升数据治理水平的组织进行的数据质量活动，与在一个刚起步的公司进行的全新质量计划是截然不同的。

在考虑了这些关键驱动因素后，就可以做出决定，重点转向将供应商的资源引入该项目。这有时可能是个令人沮丧的阶段，因为必须签署合同，制订预算，创建供应商主数据，然后创建和审批采购订单。这可能需要几周时间才能完成，根据我的经验，了解流程中每个步骤的状态并确保进展节奏符合预期至关重要。通常，此时的任一延迟都会导致结案日期超出你最初的计划。

我们已经概述了选择供应商的重要因素，现在是时候考虑选择数据质量工具了。

7. 工具选择

数据质量工具的选择应该是最早做出的决策之一。在前面的供应商选择部分，多次提到要检查供应商对所选的工具是否有经验。因此，工具的选择应该先于供应商的选择。在商业案例最终确定之前，应该有一个明确的候选清单（不超过三个工具），如果工具之间的成本差异很大，那么清单中成本最高的工具应列入商业案例。

整理候选清单的典型方法是使用以下资源。

- IT 基准组织：这些组织（包括 Gartner 和 Forrester）对类似工具进行独立研究，并提供评审结果和排名。
- 与架构团队讨论：大多数组织都有架构团队，他们能够就最适合组织的工具提供建议。如果已经对 SAP 工具进行了大量投资，那么 SAP 工具可能比其他供应商的工具更具集成优势。

通过使用这些资源，可以快速整理一个简短的清单。组织将使用 IT 基准来寻找一流的工具，并通过架构团队来确定哪些工具最符合其特定的 IT 环境要求。

下一步是与每个候选工具的供应商交流，以了解投资其工具所涉及的成本。每个工具都有不同的许可模式和不同的成本驱动因素（有些按处理能力收费，有些按用户数量收费等）。有些工具可能会因为成本与预算不符而立即被淘汰。

候选名单确定后，决策过程需考虑以下因素，见表 4.1。

表 4.1　选择数据质量工具时应考虑的因素

因　　素	相　关　内　容
工具功能	理想情况下，此项应该是决策中最重要的因素。工具的功能对于你的成功至关重要。同样，IT 基准组织可以在这方面提供很大帮助

（续）

因　　素	相 关 内 容
成本	该工具的成本必须与你提交的商业案例一致。如果两种工具的功能相同，显然成本将成为关键的决定因素
适配其他数据管理工具	数据管理工具通常以"套件"的形式出售。例如主数据管理工具、元数据管理工具和数据质量工具在一个工具包中。如果组织已经拥有某软件供应商的数据管理套件的其他部分，那么投资相关的数据质量工具可能更具成本效益。除了成本效益更优外，还能提供更实用的集成解决方案。例如数据质量评分将与数据目录紧密集成，用户在搜索目录时可以方便看到质量水平
适配其他系统架构	一些组织有意选择单一软件供应商的产品，例如组织可能将自己描述为"Microsoft商店"或"SAP商店"。组织出于多种原因采用此策略，例如与供应商达成更好的整体商业交易，与供应商紧密结合以确保成功实施，以及所有工具的兼容性等 在这样的组织中，架构团队可能建议首先评估该组织的工具。应仔细审查 IT 基准，以确保该供应商的工具是领先的。通常，大型供应商在 ERP 或 CRM 领域拥有卓越的工具，但在数据管理软件方面却没有同样的实力。数据管理软件可能是一个小众领域。 注意：虽然提及了 SAP 和 Microsoft，但我并非暗示它们在数据管理软件方面缺乏实力 组织还必须评估工具的技术要求，并检查这些要求是否符合商定的标准和策略。例如该工具是否需要在用户的设备上安装特定的 Web 浏览器或某些软件，是否需要任何不符合安全策略的网络设置
工具的可持续性	数据治理软件市场经常有新进入者。评估提供软件的公司，分析其可持续性是很重要的。如果该公司倒闭，那么对其工具的投资将付之东流 尽管如此，在某些情况下，与规模虽小但不断增长的软件供应商合作确实很有价值。如果你是他们重要的"开拓性"客户，他们将提供最高质量的支持，甚至可能在你的意见和指导下塑造产品
许可模式与预算的匹配	不同的供应商提供不同的许可模式。例如一个供应商可能会提供一次性投资，并支付年度维护费（通常约为初始投资的 20%）。这通常被认为是资本购买（称为资本支出购买），这意味着许可证将作为资产列入资产负债表，并在数年内分摊成本 其他供应商可能只提供年费模式，使用该产品的价格每年都是一样的。会计准则不允许将这种投资视为资产，预算也不来自组织的资本支出预算（而是来自运营费用（称为运营支出）） 如果你的组织有可用的资本支出预算，但运营支出预算很少，那么你可能需要找到能够提供基于资产模式的供应商 实际上，采用这种模式的软件越来越少。随着软件即服务（SaaS）模式的发展，大多数许可证费用都是年费，并被视为运营成本预算的一部分

（续）

因　　素	相　关　内　容
许可模式与工作方式的契合	一些组织很早就做出决定，他们希望每个员工都能使用数据质量工具（或者至少是总部的每个员工） 其他组织则仅限数据管理员和所有者使用 一些软件供应商按许可证数量收费，对于希望让大量员工使用该工具的组织来说，许可证成本模式可能变得不可行。另一个提供基于能力模型的供应商可能更适合这些组织

　　通常，供应商会在投标现场演示之前向组织展示的产品，包括公司发展、客户以及工具的优点。这些会议是个好机会，可以询问前文所述的因素，并记录每种工具的评估结果。

　　在进行这些演示之前，必须商定一份有助于工具选择过程的人员名单。其中可能包含如下角色：

- 数据质量负责人。
- 数据治理负责人。
- 选定的数据所有者（或数据所有者授权的数据管理员）。
- 架构团队代表。
- 参与合规工作的个人（最适用于高度监管行业的组织）。

　　最好与采购团队合作，设计选择供应商的评分机制。分数可以由每个内部参与者提供并由采购团队汇总，以尽量减少主观性。

　　一旦做出决定，就必须签署合同，提交并批准采购订单。在你的计划中，必须考虑审批所需时间。

　　目前为止，本节重点关注了供应商的选择，以及方案成功所需的外部资源和工具。现在，我们将继续讨论在最初几周内必须开展的内部重点活动。首先是下一阶段的详细规划。

8. 规划数据发现阶段

　　数据发现阶段是商业案例达成一致，且预算到位后的第一个正式活动阶段，第 5 章详细介绍了数据发现阶段的工作，但在本节中，该阶段是以理解业务策略为起点，并使用它来确定需要纳入数据质量方案的范围，以及数据质量规则。

本阶段需要组织一系列会议，先与资深的利益相关方开展会议。在这些利益相关方的日程表中安排会议所需时间，并且必须为会议做好充分准备，以确保会议顺利进行。

当商业案例获批后，或者有很大希望获批时，必须立即开始规划数据发现阶段的业务会议和 IT 活动。

在数据发现的最后阶段，数据剖析活动会用到数据质量工具。需要配置数据质量工具，在理想情况下，数据质量工具可连接到组织内部的数据库。完成这些工作通常需要提前安排以下一些活动。

- IT 架构评审委员会对工具审批。这种审核通常将架构师、IT 安全专家、基础设施专家和 IT 领导聚集在一起，以确保他们对所选择的工具及其实施方式满意。
- 与基础设施专家讨论如何整合该工具：
  ◆ 如果是 SaaS 工具，它将由第三方托管在云端。在这种情况下，基础设施团队需要通过更改防火墙、将该工具添加到工单系统（例如 ServiceNow）等操作，帮助将新的云工具集成到现有架构中。
  ◆ 如果不是 SaaS 工具，那么基础设施团队需要添加新硬件（通常是虚拟机），并且需要安装数据质量软件（这种情况在 2023 年后很少出现——大多数数据质量工具都带有 SaaS 选项并且位于云端）。
- 可能需要为项目团队安排培训，以便他们为数据剖析活动做好准备。

这些与 IT 相关的活动通常需要 4~6 周的时间，并且可能需要花费 2~3 周的时间来组织。

9. 招聘

在本章前面部分，我们讨论了从第三方供应商引入资源的过程，以及如何选择合适的供应商。有时，需要招聘一些资源作为组织内部正式员工。这些职位的招聘流程必须在商业案例批准后尽早开始。由于多项活动并行开始，负责商业案例的小团队很容易不堪重负，需要获得支持。快速引入资源的一个好方法是考虑借调或内部调动。在某些情况下，可以尽早识别对数据质量感兴趣的人员，并与他们及其团队互动，以便他们可以在商业案例成功获批后快速加入。

在本章后续，我将深入探讨该计划需要的角色，并描述适合这些角色的个人特征。

10. 沟通

一旦商业案例获得批准且方案正式启动，就必须尽快与相关方进行沟通。理想情况下，首次沟通应和最高级别的相关人员（例如首席数据官（CDO））进行，并至少涉及以下相关方，见表4.2。

表 4.2　商业案例批准后组织中典型的早期沟通

相关方群体	沟 通 内 容	沟通发起方
数据所有者/数据管理员	解释该方案的大致范围，并概述数据所有者、数据管理员及其团队应做出的贡献	首席数据官
IT 领导者	解释该计划的大致范围，并概述 IT 需要提供的支持，例如对在数据质量工具中如何管理敏感数据进行 IT 安全审查，或如前所述的基础设施变更	首席数据官
职能部门领导者	概述数据质量方案是什么，以及他应如何帮助改进相关职能，并举例说明目前存在的问题 提前发出数据发现阶段的警告，并要求他们的团队准备好对改进策略进行讨论，并说明实现该策略的障碍	首席数据官
流程/系统所有者	与提供给职能部门领导的信息相同，同时详细解释了对每个角色的要求 例如流程所有者应说明职能部门领导者所描述的挑战在其流程中发生的位置，以及数据在其中发挥的作用 要求系统所有者做好准备，提供专业领域专家来解释如何在流程和分析中使用特定字段。还可能要求他们提供系统的访问权限，以进行数据剖析和最终的数据质量规则检查	数据治理领导者

除了表4.2中确定的相关方之外，与组织中的培训和沟通团队合作也很有帮助。较大的组织在这些领域拥有专业的支持团队，他们的帮助使该方案的传播方式标准化并与其他信息的传播保持一致。

尽早启动沟通流程，可为商业案例获批后前几周所需的交流奠定基础。资深业务人员和IT 领导者应通过其团队传递信息，请他们准备好承接数据质量提升方案的需求。理想情况下，各团队应指定固定的对接人参与数据质量方案工作，并参加进度会议。

本节介绍了需要在数据质量提升方案的早期阶段进行管理的大量并行活动。下一节我们将介绍如何将这些活动组织为工作流程，并分配给不同的团队。

在这之后，我们将讨论质量提升方案需要的团队，以及各个团队的人员配备，并使这个超负荷工作阶段变得富有成效且价值显著。

4.2　了解数据质量工作流

上一节介绍了需要在商业案例批准后的前几周开始的活动：

- 为方案资源选择供应商，如数据质量规则开发人员。
- 数据质量工具的选择。
- 数据发现阶段的详细规划，包括与 IT 部门合作，构建数据质量工具为剖析工作做好准备。
- 内部招聘。
- 沟通汇报。

除此之外，在第一次的数据发现会议中，很可能会马上报告出大量的已知数据质量问题，这些问题会对组织的有效性造成恶劣的影响。例如在某组织，我的团队致力于人力资源数据质量的研究，第一次数据发现会议暴露了计算员工年度奖金所需的数据质量不够高。奖金数据将在第一次发现会议的四周内提交给董事会。

随后该方案面临着一项紧迫的工作，即帮助人力资源团队开展补救活动，同时努力确认和记录相关数据的质量规则。尽管这种补救措施不在早期活动的范围内，但如果拒绝他们的援手是不明智的。他们将成为改进主数据方案的相关方（并提供部分资金），此时此刻，显然是启动这件事的绝佳机会。在这种情况下，早期并行开展补救工作意味着我们从一开始就与该团队建立了支持关系。

如果你的方案中出现这种情况，那么在早期阶段便多了一项工作需要兼顾。本节介绍了如何将这项工作安排到工作流中，以及每个工作流中所需的技能。

早期需要的工作流

可以很容易地将上节中概述的活动梳理为以下分组，称为工作流，见表 4.3。

表 4.3 所需的早期数据质量方案工作流

工 作 流	活 动	参 与 者	未来工作流
供应商和工具的选择	选择实施工作的供应商 选择数据质量工具	数据质量负责人 数据治理负责人 IT 人员 第三方供应商	选定供应商和工具后,该工作流结束
规划和方案管理	数据发现阶段及以后的详细规划,包括供应商和工具选择活动的计划 在早期数据发现会议上,规划数据质量方案选择的数据补救活动 与各级相关方沟通该方案	数据质量负责人 项目经理(如有)	该工作流程贯穿始终——侧重于不同阶段
早期的补救	如果从相关方的早期对话中发现数据质量问题(可能在整改阶段的几个月前),则需要一个工作流程来确保这些问题得到适当的关注	数据质量负责人 项目经理(如有)	该工作流最终将成为管理第 8 章所述的主要整改活动的工作流。这将是该方案制定并发布数据质量规则和报表后的重点。其他团队成员将在完成各自工作流的任务后,加入该整改工作
数据发现	在数据发现过程中,数据质量方案包含与相关方的交流,以了解哪些数据对组织最为关键,并开始确定数据可能需要遵守的规则 随着时间的推移,当定义了规则并完全同意了提升方案范围,该工作流将改变它的角色	数据质量负责人 数据架构师(如有) 数据管理员	当数据发现完成时,工作流的重点将转移到数据质量解决方案(规则和报表)的设计上,然后是驱动业务主导的测试活动
数据质量工具实施	该工作流从在组织中建立数据质量工具开始。它将涵盖本章前面概述的活动,例如与基础设施团队合作,建立适当的防火墙设置	数据质量架构师 数据质量开发人员 IT 人员	和数据发现工作流一样,该工作流也会随着时间的推移改变焦点,并转变为构建工作流

　　表 4.3 总结了各种工作流,并指出了在整个数据质量方案生命周期中,哪些工作流持续进行,哪些工作流会自然结束。

　　工作流的价值在于能够将不同的人分配到一个已界定的、可管理的工作范围内。每个工作流都有明确的目标,针对这些目标可以每周取得明确进展。这有助于调动团队的积极性。

本章前几节详细介绍了除早期补救工作流外的活动。以下部分概述了如何更深入地管理这一具有挑战性的工作流。

1. 早期补救工作流

早期补救工作流很难管理。商业案例得到批准后，应立即将重点放在收集需求、设计和构建数据质量规则，以及设计展示数据质量状况的报告上。当你发现需要立即关注的数据质量问题时，可能会分散你的注意力，因此必须将其分离为一个独立的工作流，并仔细商定其范围。正如我将在本节后续解释的那样，核心数据质量方案团队的作用应严格限于如何补救数据工作的协调和提供相关主题领域知识。

该工作流被认为是一个速赢工作流。任何数据质量方案的最终目标都是通过提高数据质量来改善业务成果。因此，在建立工具前，可以开展的任何改进都符合方案和组织的利益。但是，必须谨慎控制范围，因为这项工作可能会非常耗时。以下示例有效地说明了这一点。

在人力资源数据质量提升项目期间，作为商业案例中收益计算的一部分，数据是从记录系统中提取的，一位主题领域专家发现了一个重大问题。该组织面临成本挑战，正在进行董事会级别的人员编制审查。由于以下原因，员工编制审查报告未达到预期效果：

- 并非所有员工都被分配到了正确的组织单位。在组织重组后，许多员工仍被分配到原有已不存在的组织部门。
- 未将不同类型的员工正确地归类为顾问、合同工或正式雇员。很难确定有多少劳动力是长期员工，有多少是临时工。

为数据质量商业案例提取数据需要付出大量努力，因为数据来自不同的表，并且必须建立模型才能进行分析。当意识到商业案例工作可以立即用于纠正数据时，数据质量和人力资源团队就开始将其作为需要纠正的数据的"待办事项"列表。

这么干确实很有效，帮助人力资源部实现了目标，但这对数据质量团队来说是一项艰巨的任务。必须定期重复提取数据，才能取得相应的进展。从本质上讲，这是提前完成了本应在数据质量规则实施后由数据质量工具来完成的工作。这项工作延迟了数据质量规则的最终实施。

但是事后来看，积极参与仍然是一个好主意，因为它真正解决了一个业务问题，并改善了数据质量团队和人力资源团队之间的关系。使人力资源领导团队对我们的举措更加信任。然而，人力资源和数据质量团队之间的分工有所不同。人力资源团队定期提取和连接数据，数据质量团队则可以更加专注于规则实施工作并按时交付。这就是我所说的谨慎控制范围的意思。

关于该工作流，总结了以下几点说明。

- 在做好完美准备前，逃避现实和忽视早期需要整改的数据质量问题都是不明智的。在任何时候为利益相关方提供支持都是非常重要的，因为这样做会得到他们的支持。
- 理想情况下，工作流应主要涉及协调、沟通以及数据质量专业领域知识，该领域的活动包括：
  - 工作流应在受影响的职能部门中，找到可以花时间处理该问题的人员。
  - 工作流应与团队合作，商定纠正数据的方法（例如向直线经理发送电子邮件以收集缺失的员工数据），然后在实施过程中进行协调和沟通。

如果以这种方式进行管理，对于数据质量方案的成员来说，工作流通常只需付出相对较小的精力。它可以由一个人管理，根据问题的范围，甚至也可以是兼职的。

这是一个较难启动的工作流，因为当数据质量方案开始时，将要处理的问题数量是未知的。最好在商业案例的资源估算中增加一些应急预算，以确保有能力完成这项工作。

该工作流所需的技能是项目经理和数据质量分析师的技能的结合。所需的项目管理技能包括组织、沟通和协调那些不向你直接汇报的人员的能力（用于进度报告）。所需的数据质量分析师的技能包括数据提取和分析，以及确定数据质量问题所适合的解决方案的能力。

2. 工作流之间的交互

建立工作流的目的是尽量明确界定每个工作流的范围和期望。将这些活动分解开来有助于化整为零，使其更容易取得进展。尽管如此，工作流之间的交互仍然非常重要。许多交互是显而易见的——例如所有工作流都依靠规划和方案管理工作流，以了解在特定时间段内的范围和目标。本节将概述各个工作流之间一些不太明显的交互，见表 4.4。

表 4.4 工作流之间的交互

源 工 作 流	目 标 工 作 流	交 互
早期补救	数据发现	早期补救为尽早深入了解数据提供了机会。该工作流中的对话通常会确定或完善数据质量规则。两个工作流应每周举行会议，分享了解到的信息及潜在的影响 例如在修正前文所述的人员数量问题时，发现了其他几条规则： • 顾问应始终正确填写其组织的名称 • 活跃单位的所有者应始终是一名长期雇员或雇佣制员工
数据发现	数据质量工具实施	数据质量工具的实施包括将工具连接到适当的数据源。数据发现工作流要确定哪些数据对组织的影响最大。工具的实施在很大程度上依赖于数据发现工作流尽早找出的关键数据源 这并不需要在早期就确定具体的表和字段，但理想情况下，应确定最有可能的源系统，这样做会相对容易。如果某职能部门已被确定为在"范围内"，那么其主要来源将是显而易见的。例如对人力资源的关注总是意味着必须包括保存员工数据的系统
	规划和方案管理	在方案的早期阶段，范围可能会有快速变化的情况。对于在商业案例准备工作中所认定的质量方案范围，经过详细的数据发现讨论，可能会很快改变该范围 例如在我工作过的一家企业中，供应链团队和商务团队的合作非常密切。该公司有个特殊之处，它只能在特定时期内生产有限数量的产品——这些产品没有库存。这意味着商务团队要根据供应链团队估计的生产水平向客户做出承诺 最初的商业案例假定以供应链数据为重点，但数据发现揭示了最重大的挑战在于商业数据。这一发现影响了质量方案实施的时长和范围，规划工作流必须做出相应调整

本节探讨了数据质量方案启动后最初几周所需的各种工作流，以及它们彼此之间如何相互影响。

本章的其余部分将重点讨论数据质量方案中最重要的方面——团队。

4.3　为你的团队确定合适的人选

和工作中的其他事情一样，数据质量工作的成败取决于团队中的人员，包括他们的技能、知识、动力和团队合作能力。随着数据治理学科在过去 20 年的发展，现在市场上出现了许多技术娴熟的人才。我们面临的挑战在于如何将具备这些技能的人才聚集在一起，并适当地支持和激励他们。

通常需要在数据质量方案实施阶段增加大量人手，因此需要加强团队建设（就规模而言）。当从实施阶段工作恢复到日常运营时，团队中临时聘用的成员（合作商或顾问）通常会离开，或进入下一个项目。因此，关键是要确保正式成员有机会学习那些临时成员所具备而他们不具备的技能，并确保正式成员能够获得那些未直接参与的工作涉及的大量知识。

第 3 章作为商业案例的一部分，概述了数据质量方案所需的各类资源。在下一节中，我们将更深入地探讨这些角色。

将人力资源匹配到工作流中

本节旨在解释数据质量方案早期阶段所需的关键技能，这些技能与工作流如何对应，以及人力资源的来源。

在第 3 章中，我们概述了在商业案例中可能需要支付薪酬的不同角色。具体如下：

- 项目经理。
- 数据质量架构师。
- 数据质量开发人员。
- 数据质量测试人员。
- 业务用户。

不要将这些角色与第 2 章中概述的数据治理角色混淆。表 4.5 说明了这两组角色之间的关系。

表 4.5　商业案例和数据治理角色的映射

商业案例角色	数据治理角色	说　　明
项目经理	数据质量负责人	在数据质量方案开始时，若尚未招聘项目经理，数据质量负责人必须担任这一角色。在一些较小的方案中，数据质量负责人可能必须始终担任这一角色 当招募了项目经理后，数据质量负责人将重新担任总体领导的角色。项目经理将向数据质量负责人报告进度、风险和问题，并引导关键决策。数据质量负责人将为项目经理提供支持、方向和指导 项目经理可能是一个临时资源（来自顾问或合同市场），也可能来自项目经理库，组织会将他们分配到正在开展的项目中

（续）

商业案例角色	数据治理角色	说　明
业务用户	数据所有者 数据管理员 数据倡导者 数据生产者 数据消费者	为使业务案例简洁明了，将这五种不同类型的分支角色总结为"业务用户"。有关分支角色的更详细解释，请参阅第 2 章数据质量项目中的利益相关方部分
数据质量架构师	不是长期数据治理角色	该角色仅在数据质量方案期间存在。这是一个通常以临时工身份（通过顾问或阶段性合同）进入团队的好例子
数据质量开发人员	同上	同上 方案结束后，可能需要保留一个小型开发团队，以保持规则更新。第 9 章"识别规则变更的策略"一节对此有详细解释。这些资源通常是管理服务团队的一部分——由供应商对一系列 IT 系统进行日常应用维护和支持
数据质量测试人员	同上	同样，这也是一个只有在数据质量项目期间才存在的角色，可聘用临时工加入团队

表 4.5 展示了一些典型的长期角色（数据质量负责人和各种业务用户角色）与临时角色（数据质量架构师、开发人员和测试人员角色）之间的差异。对于每种角色，后面将探讨胜任角色需具备的特质和才能。

1. 数据质量负责人

数据质量负责人是最重要的角色。他们负责确定方案中日常工作的基调和方向。成功胜任该角色所需的关键特质如下：

- 具有**领导和影响**那些不直接向其汇报的团队的经验。在数据质量方案中，从业务用户角色中获得时间往往非常具有挑战性，领导者需要激发人们对该工作收益的兴趣，以使他们将其置于其他紧急活动之上。
- 在数据质量和更广泛的数据治理领域拥有相关**专业知识**。理想情况下，担任该职位的人员需要有数据质量方案的经验。我认为，只要得到数据治理领导和 CDO 的良好支持，一个拥有 2 年工作经验表现出色的人员足以领导一项数据质量计划。
- 具有**较强的商业敏锐度**，使他们能够与商业领袖就战略，以及哪些问题比其他问题更重要或更不重要进行有意义的对话。我发现作为注册会计师的经验对影响高层领导的能力至关重要。我在客户服务工作中接触过多种不同业务，因此能够很好地发现最关键的问题。

- **项目管理经验**对该角色至关重要，至少在初期如此。尽管理想情况下，当商业案例签署时，就会有一名项目经理就位，但在此之前仍需要进行大量的项目管理工作。如表 4.5 所述，那时根本没有项目经理。

- **管理供应商关系的经验**是数据质量负责人应具有的一个关键特质。他们需要确保供应商按时、按预算交付产品，并具有适当的质量水平。如果情况并非如此，他们需要与数据质量架构师密切沟通，竭力提高供应商的表现，并了解供应商需要的任何支持。

2. 数据质量架构师

数据质量架构师是数据质量负责人的重要合作伙伴。数据质量负责人不一定要具备所选数据质量工具的专业技术知识（尽管这确实有所帮助）。他们将在很大程度上依赖数据质量架构师。因此，数据质量架构师应具备以下关键特质。

- **数据质量工具经验**：理想情况下，应在工具选择流程完成后，选择数据质量架构师，因为他们需要对具体选择的工具拥有丰富的经验。他们应能直接对开发人员负责，确保工作量估算合理，并且所开发的解决方案可供业务测试并易于支持。他们需要与 IT 团队合作，以确保数据质量工具能够有效工作。

- **领导能力和沟通技巧**：架构师领导该方案的所有技术人员。有时，技术人才的工作地点和所处时区与架构师不同。尽管面临这些挑战，他们仍需要与团队建立牢固的工作关系。他们需要能够发现技术问题（例如数据质量规则过于复杂而无法构建或者难以获取重要数据），并将这些问题清楚地传达给数据质量负责人和项目经理。

- **数据架构**：数据质量架构师需要将数据质量工具植入组织的一套较为复杂的系统架构中。他们需要了解如何将该工具与连接的所有数据源集成，并尽可能地使用组织中的现有工具（例如提取、转换和加载（ETL）工具或数据可视化工具)。

- **商业敏锐度**：与数据质量负责人一样，架构师也需要与高层领导对话。在方案的早期阶段，他们负责设计流程的关键部分，他们需要将业务规则转换为开发人员可使用的技术语言。

3. 数据质量开发人员

数据质量开发人员负责完成以下工作：

- 引入源数据的 ETL 任务。
- 数据质量规则。
- 数据质量报告。

因此，他们需要具备以下特质：

- **数据质量工具经验**：同样，数据质量开发人员也必须在所选择的特定工具方面富有经验。他们需要能够解释在设计过程中传达给他们的规则，并确定他们需要访问的数据表和字段，以便制订所需的规则。
- **商业敏锐度**：数据质量开发人员不需要拥有与架构师同等水平的商业敏锐度，但拥有一些商业敏锐度仍然很有帮助。例如在开发规则时，他们应该具有识别错误的记录数量的能力。例如在一个收入为 1 亿美元的组织中，拥有数千家以上的供应商是非常罕见的。如果该规则找到了 100 万家供应商，开发人员应该能够识别出异常，并就此提出问题。
- **数据可视化技能**：数据质量开发团队必须编制数据质量报告和数据质量规则。第 7 章将详细介绍这些报告。开发人员需要掌握足够的技能，才能编制如第 7 章所示的报告。有时会需要两种不同知识背景的开发人员，负责 ETL 工作和规则的开发人员具备一类技能，而负责报告的开发人员具备另一类与报告相关的技能。

4. 数据质量测试人员

数据质量测试人员角色的目标是，在业务公开规则前进行检查。在稍后阶段，业务用户将亲自参与测试规则。从本质上讲，该角色确保了开发团队先适度检查自己的工作，再开放给业务人员进行测试。

在较小规模的方案中，开发人员和测试人员的角色可能会合并。如果有两个开发人员，他们可能会在彼此的工作中扮演测试人员的角色。

数据质量测试人员角色的关键特质如下。

- **商业敏锐度**：这显然是所有角色的共同特质！要求测试人员比开发人员具备更高水平的商业敏锐度。他们需要理解不同的规则范围（有关规则范围的解释，请参阅第 6 章），并能够检查正在评估的记录数是否与规则范围相匹配。例如若一项规则只适用于固定期限合同员工，而不适用于所有员工，那么测试人员必须了解（或找出）固定期限合同员工的大致人数，并确保该规则仅选取了这些员工，而不是所有员工。
- **注重细节**：规则测试人员需要非常细心。他们必须是那种如果不解决心中所有"疑点"就不会满意的人。例如若他们检查了 20 条记录后，只有一条与源系统略有不同，那么他们应该弄清该条记录发生了什么，然后才继续进行检查。有时，单条记录差异可能是更大问题的征兆，测试人员的存在就是为了赶在相关方之前找到这些问题。
- **书面和口头沟通技能**：测试人员需要善于向开发人员和架构师解释他们发现的所有问题。他们还需要能够培训业务用户，如何充分使用该工具和报告进行测试。

5. 业务用户

第 2 章中"不同利益相关方的类型及其角色"部分详细介绍了各种业务用户分支角色，因此为了避免重复，本章不再赘述。每个角色都将大力参与数据质量方案的早期工作流。

这些角色都将在数据发现工作流中工作，并帮助解决所有早期补救问题。这项工作将与他们的日常工作同时进行。他们是每个阶段的合作伙伴，但在一定程度上也是你的客户。因此，数据质量团队（领导、架构师、开发人员和测试人员）在沟通中与业务用户保持一致是很重要的。

本节概述了数据质量方案开始阶段涉及的关键角色。其目的是帮助你更好地了解团队中需要哪些人员，并能够向任何第三方咨询机构说清楚你需要他们提供的服务。

4.4 本章小结

本章重点关注了在数据质量方案商业案例获批后艰难的前几周。在我参与的每一个数据质量方案中，最初的几周都没有我希望的那么富有成效。

选择第三方合作伙伴（包括人员和工具）以及在团队中聘用合适的人员将决定方案的成败。本章概述了团队成员应具备的素质，希望能帮助你组建合适的团队。

我们还讨论了如何将方案分解为易于管理的小模块，并确保大部分（如果不是全部的话）工作流以适当的速度取得进展。

如果最初几周获得成功，那么该方案就会为后续数据发现阶段的成功做好充分准备。这是第 5 章的主题。

第2部分

理解和监控关键数据

企业拥有大量数据，而且数据量还在不断增长。数据质量方案的一个关键部分是了解哪些数据值得你花费时间和精力，并能带来最大收益。要了解这一点，数据质量专业人员需要从所有数据利益相关方入手，确定他们的需求。

一旦理解了这一点，利益相关方就可以表达他们的业务战略及其与数据的联系，并揭示数据问题给他们带来的挑战。数据质量规则由此产生，最终识别出问题数据。

阅读本部分内容后，你将了解如何优化与利益相关方的互动，从而确定正确的规则，并制定一整套数据质量报告，准确反映数据质量状况和长期趋势。

这一部分包括以下各章：

- 第5章　数据发现
- 第6章　数据质量规则
- 第7章　根据规则监控数据

数 据 发 现

5.1 数据发现流程概览

数据发现是了解一个组织哪些数据最重要，并识别该类数据面临的挑战的过程。数据发现的结果是明确数据质量方案的范围，定义数据质量的规则。

首先要了解组织的战略、关键利益相关方的目标，最重要的是哪些因素阻碍了这些目标的实现。重要的是，要与利益相关方从全局视角讨论问题，而不是仅依据相关方认为可能与数据质量相关的内容，来筛选答案。感觉问题与数据无关的确是很常见的。通常，当深入调查时，与数据质量相关的问题会凸显。显然，并非所有问题的根本原因都源于数据质量，有机会形成自身专业意见才是至关重要的。

在充分理解了战略和目标之后，回顾实现目标所面临的挑战恰逢其时。这些挑战本身应该与相关的流程、系统和数据联系起来。可以参见下面的示例：

- 包括延迟（平均而言）向供应商付款的战略，用于改善营运资本管理和现金流。
- 延迟付款战略面临的一个挑战是，许多供应商的付款期限被设定为"立即付款"。

- 将挑战与以下内容联系起来，是非常重要的：
  - ◆ 创建和更改供应商的流程，在流程中，明确指定了向供应商付款的策略（用于了解如此设定的原因）。
  - ◆ 剖析系统（例如 ERP 系统）中的数据，检查数据是否符合定义的数据质量规则，并最终得到更正。
  - ◆ 数据本身，例如获取存储供应商付款条件的表和字段。

一旦对数据情况的掌握到达如此具体的程度，数据剖析技术的应用领域就会变得更加清晰。数据剖析技术会促进关键数据质量规则实施，用于改善组织的数据质量。

数据发现整体过程如图 5.1 所示。

图 5.1　数据发现整体过程

5.2　理解业务策略、目标和挑战

在数据质量方案中，最大的错误是将注意力仅集中在错误的数据上。如果修复的不是影响关键业务流程或推动重要决策的数据，则数据质量方案根本不会产生预期的效果。它往往在数据质量工作取得成果之前就草草收场了。有很多方案在争夺相关方的预算时，没有产生积极影响的举措往往会失去资金支持。

当数据质量提升方案的发起人或赞助人有特定背景时，他们往往会更多关注错误的数据。我曾经合作过的一个组织，有一位新上任的数据质量经理，他具有采购业务的背景。这位数据质量经理来自具有制造业背景的大型组织，该组织中原材料的采购对利润的影响密切。这家组织的供应商管理非常有效，相关供应商被组织在一起进行支出分析，以便谈出更好的价格。

这位经理随后加入了一家服务业背景的组织，尽管供应链仍然很重要，但它不再是决定成败的关键因素。在该组织中，客户体验差异化是在市场上取得成功的关键，因此，客户数据往往是首要任务。

在新的服务业组织中，这位数据质量经理最初还是将重点放在改进供应商数据上。在供应商数据领域，他所做的改进堪称典范，但供应链领域的成功并不意味着整个企业的成功。在该组织中，还有更重要的数据质量问题需要解决，例如客户账户重复等问题，造成了开票和收款时的沟通混乱。

本节聚焦于如何理解组织战略和目标，以确保数据质量方案关注正确的领域。本节从正确识别利益相关方开始。

5.2.1　识别利益相关方的方法

正确识别利益相关方，并以可以接受的视角来解释组织战略，非常具有挑战。大多数组织都会清晰地向员工传达他们的愿景和战略。这的确是创建有凝聚力组织的关键，人们可以将愿景和战略作为开展工作的决策框架（例如不应该这样做，因为这似乎对任何战略都没有支撑和贡献）。

理想情况下，每位员工的目标设定都应该根据战略进行调整。这样做的最终目标是确保每位员工都能理解如何为战略实施做出个人贡献，从而让其对最终成功负责，并有解决挑战的动力。这样做的组织可以更快地推进其战略的实施，因为可以更有效地进行内部授权，并且可以通过人员的层次结构共享决策。

尽管许多组织努力尝试向员工提供对战略的理解，但是，找到那些能够提供更多细节（超出对战略泛泛而谈这个层面的细节）的关键人员，可能需要时间。

表 5.1 中列出了一些已经证实有效的识别利益相关方的通用方法。

表 5.1　识别利益相关方的通用方法

方　　法	细　　节
咨询中心战略团队	许多组织都有中心战略规划团队，负责战略的制定和宣贯。相比而言，他们能够分享更多的战略细节，而且通常可以自顶向下指出负责每个战略支柱的角色
借助数据治理委员会	有些组织设定了数据治理委员会，并提供一份可供联系的数据所有者和数据管理员名单（如第 4 章所述）。这种组织设定真的非常有价值，因为通过这种方式能够提供清晰的利益相关方，可以在不同的层次上进行咨询。通常大多数利益相关方在业务部门中工作，并乐于支持与数据质量相关的沟通
审查组织架构图	组织架构图通常很容易获得。它有助于在工作中找到各部门领导，并尝试安排与关键高管的会议。在较小的组织中，可以从高管开始［例如首席财务官（CFO）或首席运营官（COO）］。在大型组织中，中层领导可能更合适（如总监、副总裁等）。因为如果从较低的级别开始沟通，肯定会得到一个很长的相关方列表，使得沟通时间远超预期
邀请与数据和分析相关的其他团队参与	数据和分析团队往往可以对战略支柱提供深刻的见解 例如商业智能/分析和数据科学团队能够解释其利益相关方使用的关键报表，哪些角色正在使用这些报表，以及报表支持组织战略的哪些部分 这应该是相关识别方法中的必要部分。如果相关方是同一个更广泛团队中的一员，那么在接触相关方之前，应该收集所有可能的信息。否则在与相关方沟通时，将面临重复沟通和不被相关方信任的风险

以下是一些根据我的经验应用上表中提及的方法的示例。

1. 示例

我曾经合作过的一个组织设有内部战略规划团队，我请求这个团队帮助更好地理解与供应链优化相关的战略支柱。这些战略有助于以下方面：

- 产品制造尽可能靠近最终客户群，以降低物流成本。
- 优化了生产计划，避免产能浪费。
- 在全球范围内协调流程。

与战略团队的讨论促成了与供应链组织负责人及其相关高管的联系。这些联系对于战略团队来说是显而易见的，因为供应链是战略部分的主要贡献者。然而，战略团队同时也建议与业务领导层进行讨论，因为后者可以为客户商品的规划过程提供意见。该流程定义了哪些客户需要哪些产品，以及何时需要。

战略团队确定了能够提供帮助的其他利益相关方。例如该团队与质量团队（他们需要更新已有的流程，以支持战略决策）和卓越运营团队进行了讨论。这些团队的投入对于确定要剖析的数据，以及最终设计的规则集至关重要。如果没有战略团队，这些关键但不太明显的讨论是否会发生是值得怀疑的。

在另一个组织中，内部战略规划团队和数据科学团队对理解战略及其与数据集的联系非常有帮助。

这两个团队解释了他们撰写的一份报告，这份报告旨在提高仓库库存的管理效率。这份报告考察了不同地点的库存周转率（使用率），并将其与该地点装/卸所需的平均时间进行了对比。这样做的目的是为了寻找那些移动频繁，但装/卸困难的货物（从进出的角度来看——这种情况需要使用移动升降台才能完成存放）。通过报告的**数据血缘**（显示数据流的图表，通常在大多数商业智能工具中可以找到）找到了支持库存和仓储的数据集。这样，就把该领域相关的目标（以及在实现这些目标时遇到的挑战）和基础数据联系起来。

注释：

　　数据血缘是指记录数据从其源头到呈现报表的流转过程，包括在此过程中进行的转换。例如数据源的表名、将数据从数据源移动到数据仓库的提取、转换和加载（ETL）程序，以及展示的数据报表。

以上所有的沟通都需要花费大量时间——既包括你的时间，也包括利益相关方的时间。而往往，占用利益相关方的时间这件事可能很有挑战性。

2. 参与困难

如果很难有机会与关键利益相关方（尤其是高级利益相关方，如 C 级高管或高级副总裁）面谈，我的建议是：

- 在第一封电子邮件中附上一个有意义的数据质量问题示例，说明在他们的领域可能出现的与业务战略和目标明确相关的数据质量问题。
- 请所在部门的最高级领导发送电子邮件。例如在数据部门中，电子邮件最好来自首席数据官（CDO）。

- 明确说明第一次谈话的目的是介绍背景情况，并将你引荐给领导团队中的合适人选。也就是说，你并不打算占用他们太多时间，而主要是需要他们将你引荐给领导团队中的其他人。

成功的关键在于根据每个人定制具体的沟通方式，并让对方清楚地了解到，通过沟通可以增加价值。

一旦确定了相关方，就可以安排会议，并分配时间来准备沟通内容。

5.2.2　相关方的沟通内容

在大多数数据质量发现的实践中，需要与各个利益相关方进行多次沟通。显然，这些沟通因场景而异。以下内容旨在帮助构建沟通的会话，以实现所需的结果。

1. 初始沟通

初始沟通应集中在以下方面：

- 方案的背景和预期成果。
- 向对话者概述业务领域。
- 相关的战略支柱以及该职能在开展有助于一个或多个支柱的工作中的作用。
- 可能影响实现一个或多个战略支柱的能力的现状和预期挑战。

如前所述，沟通不应局限于已知的数据挑战。

在一次初始沟通中，一位高级人力资源主管说，他们无法实现简化年度奖金计算流程的目标（从三个月缩短到一个月的目标）。他们解释说，经理为团队成员输入建议奖金所花费的时间往往比预期的要长。他们打算更换部门经理使用的系统，使其更加简便、高效。利益相关方当时表示，这个问题"与数据无关"。

在与人力资源部门的数据管理员探讨这个问题时发现，这在很大程度上是一个数据问题。由于发现了相关数据问题，相当高比例（超过 10%）的经理们不得不向人力资源服务台提交问题工单。这些问题包括：

- 重复数据（重复的员工记录）。

- 缺少员工信息的必填字段（例如员工的级别）。

当他们试图提交奖金建议时，输入奖金的系统显示错误。

这些问题成为数据质量改进方案的范围，当数据得到改善，处理速度也得到了提高，符合一个月的宏伟目标。无须投资新建系统，只需要改进数据即可。如果只是向利益相关方询问"数据问题"，则并不会了解并解决这个挑战。

正如本例，在初步沟通之后，高层领导提出的挑战必须由运营团队人员（如数据生产者和数据消费者）跟进，因为他们"身处一线"，每天都在使用数据。他们可以帮助将战略挑战和阻碍转化为具体的数据问题，抑或其他问题。

表 5.2 是其中一次沟通的例子，展示了主题、典型的演示材料和预期结果。

表 5.2　利益相关方初始沟通的典型议程和成果

议　　程	演 讲 者	典 型 材 料	预 期 成 果
方案背景	数据质量领导	各阶段情况的概括计划 数据质量问题的线索 数据质量概况／记分卡的示例 （显示最终交付的产品）	让利益相关方了解在整个项目背景下当前阶段的目标
业务领域概览	业务相关方	本组织各部门的职责以及重点任务的概览	让数据质量团队理解当前业务和全局的关系 识别更多需要沟通的相关方
利益相关方在支撑战略方面发挥的作用	业务相关方	制作战略主题的幻灯片，突出与利益相关方的职能和目标最相关的内容	数据质量团队了解利益相关方的关键优先事项
职能部门的关键绩效指标（KPI）	业务相关方	关键绩效指标的定义以及如何支撑相关战略	数据质量团队根据经验理解职能部门在哪些方面实现了目标，哪些方面的目标由于面临挑战而难以实现
在支撑战略实施方面的挑战	业务相关方	列出当前在战略实施方面所面临的短期和长期挑战 确定其团队中目前正在应对这些挑战的人员	数据质量团队了解业务团队面临的主要挑战，以及进一步探讨面临这些挑战的业务团队成员

最后一部分（在支撑战略实施方面的挑战）非常重要，下一阶段的工作是与利益相关方一起探讨，将这些挑战列表转换为可能的数据质量影响列表。

2. 详细对话

下面是一个用于初次沟通的示例列表，展示了面临的挑战，以及数据质量团队希望如何处理这些挑战。该示例列表基于制造行业团队，见表 5.3。

表 5.3　数据质量潜在影响和问题引发的挑战示例

挑 战	问 题	数据质量潜在影响
难以预测的需求导致工厂的产能闲置	为什么需求难以预测？若想要更准确预测，需要哪些数据？哪个团队负责预测需求 是否在本地层面对需求进行管理（例如在欧洲制造工厂管理欧洲需求，在美国制造工厂管理美国需求）？如果数据可用的话，能否在全球范围内进行管理 是否仅有一些特定产品系列的需求不太容易预测	商业销售预测可能不完整或与生产数据脱节（例如生产数据仅仅保存在文件，而非数据平台中） 数据可能是孤岛状态，导致很难了解到全局需求。例如某个地区的数据可能不完整或重复 某些产品系列可能缺乏可靠的销售预测数据
质量控制发现生产问题时为时已晚。产品已经完成生产却必须报废，导致成本增加	质量控制活动是否贯穿于整个生产过程？这些检查记录的数据在哪里	假设质量控制检查贯穿于整个生产过程，仍然出现了问题，可能导致无法及时提供数据。也许必须先对质量控制数据进行清洗，然后才能使用数据
原材料成本过高，影响了利润率	材料成本增加的原因是什么 是整个行业的成本都在增加，还是仅仅我们受到的影响更明显 原材料供应商是哪家？哪些采购团队负责采购活动	供应商支出汇总可能会受到供应商数据缺失的不利影响。换句话说，组织可能没有意识到对单个供应商支付了大量资金。通过改进数据来意识到这些，带来更强的谈判地位和更低的价格

诸多类似的问题和影响分析并不会产生任何有用的结果。在这个阶段，面对很多无果而终的分析，重要的是思维的扩展。即在确定的影响中只有 10% 是有效的数据质量问题，这也足以支持下一阶段活动的进行。

关于细节的沟通将涉及对每个问题的探索，并试图证明或推翻初始沟通中确定的潜在数据质量影响。

关于细节沟通的对象，通常比初始沟通的利益相关方至少低一个级别。关于细节的沟通应涵盖的内容见表 5.4。

表 5.4　利益相关方关于细节的议程和成果

议　　程	发 言 人	典 型 材 料	预 期 成 果
方案背景	数据质量团队领导	与初始沟通相同，还包括利益相关方的初步意见概要，以及挑战、问题和数据质量影响清单	利益相关方理解数据发现阶段的目的及其领导的观点
作用和挑战	业务相关方	业务相关方及其团队工作的概述 业务相关方所面临的挑战	验证领导提出的挑战以及希望增加的新挑战
关于挑战细节的探讨	业务相关方，由数据质量团队和系统主题专家提供相应支持	回顾挑战和已经为克服挑战所做的工作	将这些业务挑战分类为是否与数据质量相关，了解挑战所涉及的流程、系统和数据 了解所有旨在解决挑战的系统变更或实施工作

在咨询了高级别的利益相关方之后，还需要确定组织中相关的基层人员，并向他们介绍目前的调查结果。那些每天实际管理数据、影响数据的人员，可能会对客观实际情况进行检查。他们可能会发现一系列尚未讨论的问题，也可能会发现对已知问题存在的误解。有时，领导者并不了解运营层面的实际情况（通常，这表明组织文化出现了问题，我将在第9章的"成功的必要条件"部分再谈这个问题），而上述做法正是发现这些情况的有效预防措施。

最后，在项目早期阶段，基于以下两个原因，开始与 IT 应用负责人和系统所有者的沟通是非常重要的。

- 数据发现阶段可能需要其团队提供特定系统的知识。
- 数据质量问题的根因纠正可能会导致源系统的更改。例如可以在数据采集表中添加数据验证，以便在第一时间就提示错误数据的出现。

正如本节所述，确定利益相关方并与之沟通的过程可能会变得复杂且耗时。在一些组织中，利益相关方希望对自己及其所扮演的角色有正确的记录。

在这种情况下，推荐使用两种模板。一种是可以根据两个变量绘制利益相关方地图——兴趣水平和影响力水平。用于确定哪些利益相关方必须受到最严格的管理。为了更深入地了解谁需要贡献时间，引入另一种方法创建 RACI 矩阵，记录涉及的角色以及责任（负责（R）、批准（A）、咨询（C）或通知（I））。

到目前为止，所有沟通的结果已经足够详细，可以开始行动了。通过沟通可能已经确定了与挑战相关的特定记录系统。可以开始探索该系统中的数据，并尝试明确数据质量的真正差距。

许多数据质量专业人员想在这个阶段立即采取行动，但我建议先暂停，回顾一下调查结果，要确保工作范围是明确且相关的，要专注于那些能为组织带来最大价值的问题。下一节将讨论如何做到这一点。

5.3　战略、目标、流程、分析和数据的层次结构

如果遵循了"理解业务策略、目标和挑战"部分中概述的流程，那么此时你应该有一份与数据质量相关的挑战清单，以及挑战所涉及的系统和数据。在这一阶段，你可能会发现远超当前处理能力的大量潜在挑战。

下一步要做的是全面审视这些挑战，选出要关注的重点。

5.3.1　利用战略确定优先次序

在收集了影响各战略支柱的数据质量挑战后，需要对其进行归纳总结。这可能需要返回到战略团队来展示你的发现。

图 5.2 展示了早期探索会议的典型成果。

	支柱1	支柱2	支柱3	支柱4	支柱5
数据质量问题的数量	2	10	30	7	13
解决问题的复杂程度	高	中	低	中	低

图 5.2　按规则数量和复杂程度展示的战略支柱

通常会有某个特定的战略支柱存在大量的数据挑战。这可能是因为该支柱是高度数据驱动的，也可能是因为该领域的利益相关方特别精通数据。

实施工作的复杂性是指为特定支柱制定数据质量规则需要付出的努力程度。高复杂度的

原因有很多，包括以下几点：

- 数据跨越的系统数量（例如组织内员工的数据可能分布在 Workday、SAP Concur、SAP SuccessFactors 等不同的系统）。
- 数据质量规则复杂性的要求。
- 利益相关方认为缺乏明确性，需要更深入的调查工作。
- 组织的不同部门以不同的方式运作，这就需要制定不同的数据质量规则。

如果单独看图 5.2，很明显会优先考虑支柱 3 和支柱 5。要解决的问题很多，但每个问题的复杂程度都很低，因此进展会很快。

然而，我们需要从另一个视角来分析这个问题。如果某一战略要素得到充分实施，其带来的益处很可能大于另一要素。战略支柱之间也可能存在依赖关系。

例如支柱 1 只有两个数据质量挑战，但它可能是其他所有支柱所依赖的基本战略支柱。我曾合作过的一家企业的产品已经老化，其利润率正在降低，销售量也在下降。他们准备发布一款具有竞争力和差异化的新产品，这正是他们在实施数据质量方案时的关键战略支柱。其他支柱包括利用新系统、新团队和新流程加强商业运营。如果不能成功发布新产品，该商业支柱的价值就微乎其微。因此，所有最初的数据质量工作都要支持新产品的发布。当然由于部分工作涉及客户数据清洗，无论如何该工作还是有意义的。

这种方法带来的挑战是，可能会从数据质量方案的初始范围中剔除某些支柱。但是在发现这一点之前，可能已经在发现阶段投入了大量精力。

在发现会议上管理这方面的期望是非常重要的。这些信息应该是会议背景的重要部分。此外，战略对话的结果应提交给参与数据发现阶段的所有利益相关方，确认范围的决定应由每个人参与讨论并审批通过。

一旦这个会议帮助完善了需要关注的挑战清单，就该详细研究每个问题，并将其与基本业务流程、数据和报告联系起来。

5.3.2 将挑战与流程、数据和报告关联

为了能正确理解数据质量挑战及其对组织的影响，必须深入研究所涉及的每个问题。

通常情况下，针对每项挑战都需要召开一次甚至多次会议。理想情况下，这些会议应在

相对较短的时间内结束，以确保相关者的利益，并适当地突出重点。通常，需要来自多个职能部门和地区的代表参加会议。不同的职能部门往往会有不同的观点，有时甚至是相互冲突的观点。实际上这可能非常具有挑战性。在一个组织中，与财务团队和采购团队分别举行的会议中发现，每个职能部门都认为数据质量问题应归咎于对方。数据质量团队需要促成两个职能部门之间的讨论，仔细分析事实，分享发现的问题。上述情况比较常见，因为数据质量团队本质上具有很强的跨职能性质，而其他职能部门（如前面例子中的职能部门）有时只关注自己的领域——即使这对组织来说并不是最好的。

这是一个特别容易出问题的领域，因为数据对象通常具有共享性。例如供应商信息可归属于采购部分，但采购部门只管理供应商的选择、一整套引导服务和采购。采购部门并不管理付款，付款属于财务部门的职权范围。财务部门依靠采购团队收集供应商的详细银行信息，但采购部门并不需要这些数据来履行其主要职责。采购或财务部门会因为供应商的银行信息而产生分歧，但实际上，为了整个组织的利益，采购或财务部门需要合作，而不应仅追求某个部门的成功。如果组织因付款能力差而声誉不佳，采购工作也不会成功。

在这些会议上，需要为每个问题确定以下信息，见表 5.5。

表 5.5　每项已确定的数据质量挑战所需的信息

信　　息	相　关　性	示　　例
受影响的端到端的流程	了解挑战影响一个还是多个流程	从采购到付款
哪些团队参与了这些流程	确定哪些团队需要咨询或受到数据质量挑战的影响	采购 财务
流程中的哪些步骤受到影响	允许数据质量团队专注于特定的一个或多个步骤。然后将重点放在该步骤所涉及的输入、输出、系统和活动上	根据采购订单入账的供应商发票 供应商支出分析和谈判
如果数据质量挑战得到解决，哪些流程将会得到改进	更深入地理解这个问题的影响	供应商的发票可以更快地入账 可以恰当地衡量供应商的支出，并改进谈判
针对该问题，目前正在采用哪些变通方法	更深入地理解这个问题的影响	每周在电子表格中手动合并供应商信息 数据工程团队还会将供应商信息手动同步到数据仓库中

（续）

信　　息	相　关　性	示　　例
该过程涉及哪些系统	数据质量问题必须在记录系统中得到解决。了解所涉及的系统有助于识别系统所有者。系统所有者需要提供系统访问权限，以便数据质量工具能够评估数据	SAP Ariba
涉及哪些表格和字段	如果能在这一阶段提供表/字段级别的信息，那么数据剖析工作就会变得更具体、明确	SAP——LFA1 表
哪些数据子集会受到影响	允许对数据进行更具体的数据剖析检查	只有原材料组的供应商
数据的来源	需要更正的数据来自哪里？直接来源于业务合作伙伴（例如供应商）还是来源于外部	填写完整的供应商登记表
如何识别哪些数据处于活动状态	数据质量检查只有在针对广泛使用的数据时才有价值。如果数据质量报告显示已检查的 1000 条记录中有 800 条不合格，那么只有当这 800 条不合格记录中的大部分都在使用时，这份报告才有价值。举例来说，如果实际使用的只有 300 条，报告就会提示大量不相关故障，利益相关方就无法从数据中获得所宣称的价值	活跃供应商由以下因素决定： • 过去 12 个月的采购订单 • 未支付的发票或未使用的采购订单 • 是否在最近 6 个月内创建
数据重复是否是一个问题？如果是，如何识别重复	重复是一种非常特殊的数据质量问题，通常需要采用不同的方法，其中可能涉及不同的资源和成本	重复数据是一个问题。当以下信息相同时，就可以识别出重复的供应商： • DUNS 号码 • 税号 • 地址 • 电子邮件地址

　　经过一系列会议后，最好的情况是获得一个需要调查的具体的数据集。利用表 5.5 示例中的信息，你就可以连接到 SAP，找到 LFA1 表，仅针对特定物料组进行筛选，并对该数据集进行剖析。

　　剖析工作将在字段级别识别一些潜在的数据质量问题，形成初步的数据质量规则。

　　例如剖析结果可能显示，DUNS 号码字段只有 15% 是完整的，而税号字段只有 60% 的供应商是唯一的。这可能存在以下两个数据问题。

- 记录显示，有许多不同的供应商至少与一个其他供应商共用税号。这就意味着：

  ◆ 财务人员需要选择其中一个来做发票入账。有时，发票会入账到一个账户，有时，会入账到另一个账户。

  ◆ 这将导致应付账款清单支离破碎，公司对供应商的欠款数量也没有一个单一的可信来源。

  ◆ 还存在这样的风险，即一个账户的发票按时结算，但另一个账户的发票未按时结算，从而导致供应问题。

- 由于 DUNS 号码字段的完整性较差，很难了解哪些供应商实际上属于同一集团。试想一下，10 个供应商实际上同属于一个集团公司。整个集团的总支出可能是 1000 万美元（本来应该带来很大的折扣）。如果企业没有使用 DUNS 号码将这些供应商作为一个集团联系起来，那么只能依据单个供应商的支出来谈判，也就是 100 万美元。这样，折扣就会小得多。

在第 6 章中，我们将讨论如何使用数据剖析的结果，并将其转化为可用于监控和改进数据质量的规则。

显然，不管从哪方面来讲，都很难获得一个最好的成果。许多讨论都不会深入到表格和字段的具体细节。与业务人员（而不是数据角色）进行讨论，通常不会涉及技术细节。这往往意味着，还需要一个步骤的过程。最初的对话可能不会提到系统中的表格和字段，但他们肯定能够提供所使用系统的名称，以及在流程中填写的表格。接下来需要与以下团队进行讨论：

- **卓越系统团队**：大多数应用系统都会有一个卓越中心团队，他们负责制定系统的路线图，并负责在系统中实施业务流程。例如在某组织中，有一个业务系统团队，下设一个 SAP 高级研发中心。该卓越中心团队能够将业务部门提供的信息（流程步骤、已完成的表单等）转化为相关的表格、字段和过滤器。

- **卓越运营或流程管理团队**：有些组织有专门负责管理各种业务流程设计的团队。他们可能会使用诸如 ARIS（一种流行的业务流程映射和文档化工具）这样的工具来记录流程步骤，并了解这些流程中使用的底层数据。

- **分析团队**：在许多组织中，分析团队对各种记录系统中的数据字典有很深的了解。如果业务人员谈论的是供应商信息和采购订单数据，分析团队（尤其是数据工程师）通常会知道这些数据在表格和字段中的含义。
- **数据治理团队**：更成熟的组织可能已经实施了元数据解决方案。元数据解决方案有助于将业务概念转化为底层系统表和字段。例如业务部门可以将"供应商组"字段定义为一个概念。元数据解决方案将概念记录在 SAP 系统中，供应商采购数据表的"物料组"字段实际记录了供应商组信息。换句话说，物料组字段的用途与原定用途不同。

在最终进入数据剖析流程之前，有必要花一些时间思考已确定的数据质量挑战对报告的影响。这一点很重要，因为在迄今为止的流程中，我们主要考虑的是数据问题对业务流程有效性的影响。但是有些数据问题根本不会影响业务流程，它们只会影响组织做出重要决策的能力。

通过图 5.1 所详述的流程，这些决策面临的挑战应该已经出现，但值得花时间与报告团队一起确保没有遗漏任何重要内容。

具体来说，有必要谈谈以下几点：

- 手动解决方案，由报告和分析团队管理，以处理数据缺口。这可能会导致企业效率严重低下，并使数据变得非常滞后。每个周期的手动解决方案可能需要很长时间才能实施，以至于当数据到达报告阶段时已经严重滞后了。手动解决方案本身就存在风险，人为失误因素成为一个变量。人工处理数据中的失误可能会完全扭曲报告的结果。
- 由于数据不可用或不够准确而无法满足的各种报表要求。
- 本就忙碌不堪的团队成员，还需要大量手工劳作，因此延迟交付了内部报告。

通常情况下，手动解决方案的清单很长，严重影响了报告和分析团队的工作效率。我工作过的一家企业曾多次尝试为其客户的主数据创建一个单一的可靠数据源。由于在实施新的数据库之前，没有停用原有的数据库，这导致有 4 个不同的版本存储库。客户数据存在重叠，不同来源的数据也不尽相同。分析团队必须判断数据仓库中的客户数据源自哪个版本，如果出现冲突，他们必须咨询客户服务团队。另一家企业在只有 4 个人的数据平台团队中引入了专职数据质量角色，只是为了在出月报之前对数据问题进行纠正。

必须让这些问题浮出水面，以便在确定首先解决哪些数据质量问题时加以考虑。

一旦召开了不同层次的会议，并就数据质量优先事项达成了一致意见，接下来应该开始数据剖析活动，确定数据必须符合的规则，即定义良好数据。

5.4 数据剖析的基础知识

数据剖析可对一组数据进行评估，并提供每列的数值、字符串长度、完整度和每列的分布格式信息。例如对数值和字符串长度，都提供了最小值、最大值、平均值和中位数，以帮助识别异常值。

大多数人都会有一些数据剖析的经验——即使以前没有听说过这个术语。许多人在查看一组不熟悉的数据时，首先会在电子表格工具中打开数据，然后对所有列进行筛选（例如 Microsoft Excel 中的自动筛选功能）。他们会检查每一列中的所有值，查看该列是否包含几个或者更多个与所有行相关联的值。人们会查看数据类型是否是数字、日期、文本等。查找最小值和最大值也很常见。这些基本操作都是数据剖析的例子。

举例来说，电子表格包含基于不同客户账号的发票清单。如果在金额列上筛选，期望只看到正值。当有负值出现时，可能会大吃一惊。接下来，你可能会在另一列中看到正值为 "INV"，负值为 "CRN"。正值很可能是发票过账，负值很可能是贷项凭单，例如当客户投诉未收到产品时发出的欠款单据。通过剖析数据，你可能会第一次意识到电子表格中同时包含发票和欠款单据，将来你可能会要求同事根据业务需要过滤掉贷项凭单。

相比上述的分析过程，数据质量提升方案中的数据剖析只是一个功能更强大的版本，通常会使用专门的定制工具。

市场上有许多专门帮助企业管理数据质量的工具。所有这些工具都具有数据剖析功能。几个典型工具如下：

- Informatica 公司推出的一系列工具产品：数据质量管理工具 IDQ、智能数据管理云 IDMC 和数据即服务（DaaS）工具。
- Ataccama ONE 数据质量套件。

- IBM 推出的一系列工具产品：数据质量 IBM Watson Knowledge Catalog 数据目录、IBM InfoSphere Quality Stage、IBM Match 360 和 IBM InfoSphere Information Server。
- SAP 信息管家、SAP 数据服务和 SAP 数据智能云。
- Talend Data Fabric 和 Talend Data Catalog。

我在选择工具时，对各种工具都有所了解，但只有实施 Informatica 和 SAP 解决方案的具体经验。

我不打算把重点放在某个特定工具的功能上。每个工具都有各自的优缺点，我并不打算推广哪一个。工具的选择在一定程度上取决于购买工具的组织。例如某组织部署了 SAP 系统，许多存储关键数据的系统以及其他数据和分析工具也来自 SAP。例如当企业使用 SAP ERP 系统、SAP CRM 系统和 SAP 主数据治理进行主数据管理时，SAP Information Steward 可能是一个不错的选择。

下一节将介绍各种数据质量工具在数据剖析方面共有的基本功能。

5.4.1 数据剖析工具的经典功能

本节将深入解释数据剖析工具的经典功能以及如何解读剖析结果。

数据剖析工具通常提供整个数据集的概要信息，包括以下内容。

- 字符串评估：对于每一列，分析字符串长度的最小值、最大值、平均值和中位数。如果要对客户数据中的"职称"字段进行剖析，你希望看到字符串长度的最小值为 2 (Mr, Ms, Dr)，最大值为 9 (Professor)。
- 字段值评估：对于每一列，计算字段值的最小值、最大值、平均值和中位数。例如对于销售订单表中的数字字段（如"订单值"），如果公司迄今已完成 1000 的销售额，则最小值可能是"0000000001"，最大值可能是"0000001000"。
- 格式匹配：对于每一列，该工具都会根据数据类型对字段内的数据用对应的数据格式进行分析。例如英国邮政编码字段的格式可能是 XX11 1XX（其中 X = 字母值，1 = 数值）。你还会看到伦敦市中心邮政编码的 XX1X 1XX

等格式。提供每种格式下的记录数，以及空字符或空格的数量。

- 完整性：对于每一列，工具都会提供空格、空值和零记录数。

从技术角度讲，空、空格和零是不同的。空表示字段中根本没有值。空格适用于文本字段，它表示用户故意选择空格。例如在调查用户年龄时，可能会向用户声明"如果你不愿意提供这个信息，请填写空格"。零是一个数字。如果一家公司处于歇业状态，当年的收入为零，这显然不同于空值（没有任何收入）。

- 唯一不同值：对于每一列，工具都会提供至少有一条与之相关的值的数量。例如一个客户数据集的年龄列中有 0~15、16~30、31~44、45~60 和 60+ 五个年龄段，只要每个年龄段都有客户注册，那么返回的唯一值数量就是 5。如果没有 0~15 岁的客户，那么去重后的唯一值个数就是 4。
- 唯一性：对于每一列，工具都会提供只有一条记录与之相关的值的数量。例如在上述客户数据集中，如果只有一个儿童客户（10 岁）和一个 60 岁以上的客户，但其他每个范围都有许多不同的客户，那么该列的唯一性值占比就是 2/5，即 40%。

必须指出的是，不购买数据质量工具也可以应用本章介绍的许多技术。只是可能需要投入更长的时间和更多的人力成本，但至少可以取得进展，并开始让整个组织与你并肩作战。举一个简单的例子，一个非常常用的数据可视化工具（Microsoft Power BI）就提供了一些强大的数据剖析功能。许多组织已经将 Power BI 嵌入其业务中，而且提供这些功能的应用（Power BI Desktop）也无须许可费用。

在 Power BI 中连接数据时，可以使用"视图"菜单查看三个选项：

- 列质量。
- 列剖析。
- 列分布。

列质量可显示列中的数据是否符合预期的数据类型，是否完整。例如它会将数字列中的所有文本值标记为错误（见图 5.3）。

列剖析图可显示数据的唯一性以及数据在不同值之间的分布情况（见图 5.4）。

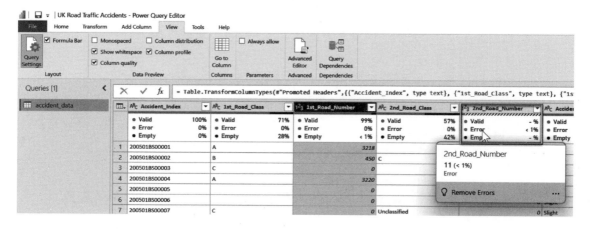

图 5.3　Power BI 列质量功能

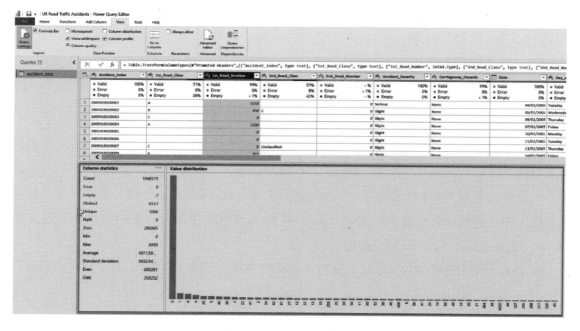

图 5.4　Power BI 列剖析功能

最后，列分布提供了同时查看所有列的值分布的视图（见图 5.5）。

这些功能可应用于整个数据集，而不仅仅是默认的 1000 行，如图 5.6 所示。

显然，这些功能并不能完全替代数据质量工具，而且也不打算这样做。然而，这些功能肯定有助于数据质量工具入门并为其提供依据。

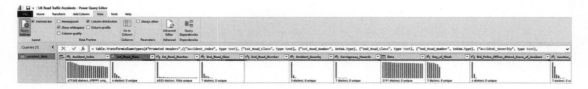

图 5.5　Power BI 列分布功能

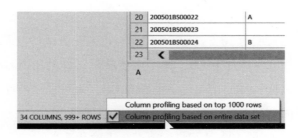

图 5.6　Power BI 中对整个数据集进行剖析的设置

一旦掌握了上述要点并具备了数据剖析功能，就可以使用剖析功能来了解数据。

5.4.2　使用能力

当从数据质量工具中获得数据剖析结果时，我们在寻找什么？本节旨在通过尽可能多的实例来回答这个问题。

1. 字符串和格式评估

字符串评估的思想是识别数据中的哪些部分不符合预期格式。在查看列的字符串长度时，可能期望每条记录都有特定的字符串长度。如果查看的是英国的供应商增值税编号，则只有一个有效的字符串长度——11 个字符 [英国增值税编号的格式为 GB123456789（两个字母和 9 个数字）]。平均值和中位数可以了解大多数数据是否与预期的字符串长度匹配。例如平均值为 13，最大值为 14，这表明许多记录的长度为 14 个字符。

在数据剖析中，数列的最小字符串长度值是 9，最大字符串长度是 14。在这种情况下，乍一看数据剖析立即发现了问题数据。因为这些值是错误的，所以很有可能直接在数据集中执行删除操作。但是请考虑以下附加信息：

- 5%的记录的字符串长度为9——采购团队将开头的 GB 去掉，因为所有英国的记录都以"GB"开头。
- 10%的记录的字符串长度为14——对于规模太小而无法注册增值税的供应商，采购团队输入"Not Registered"。
- 1%的记录的字符串长度为10、12或13。这些似乎是由于数据输入不当造成的。
- 其余84%的记录的字符串长度为11。

在这个例子中，删除长度为10、12或13的所有记录是合适的。删除字符串长度为9的记录肯定不可行。只需在开头添加上 GB，这些可能就是正确的增值税编号。事实上，如果采购团队想要更快，可以从84%的正确记录中删除 GB，如果来往信件设置正确，仍然可以在与供应商和税务机关的信函上打印完整的增值税编号。

最后，字符串长度为14的10%的记录可能都是正确和适当的。

由此，可以归纳得出如下数据质量规则：

- 对于税号字符串长度，需要检查以下内容：
  ◆ 长度应为 11 或 14 个字符。
  ◆ 对于长度为 11 的字符串，格式须为 GB111111111（其中"1"表示"1"到"9"之间的任意数字）。
  ◆ 对于长度为 14 的字符串，该值应为"Not Registered"。

格式评估可以为数据质量提供更多的信息。之前假设所有字符串长度为 11 或 14 的记录都可能是正确的。格式评估可能会向我们展示一些其他情况。例如对于包含 11 个字符的记录，我们可能会发现以下内容：

- 86%的记录使用 AA111111111 格式，这是正确的。
- 10%的记录使用 11111111111 格式，这是不正确的。
- 2%的记录使用 A11111111AA 格式，这是不正确的。
- 2%的记录使用 111111111A1 格式，这是不正确的。

对于包含 14 个字符的记录，我们会发现情况非常相似：

- 90%的记录使用 XXX XXXXXXXXXX 格式，这是正确的。
- 10%的记录使用 11111111111111 格式，这是不正确的。

以上评估可以帮助我们使数据质量规则更加具体化。可以针对规则在应用程序中进行编码，要求只能输入正确格式的数据，错误的格式无法录入系统。对于特别重要的规则，可以要求立即更正数据——例如可能会导致对税务机关的增值税申报产生影响的规则。第 4 章概述了早期补救工作流程的必要性。这个例子说明在正式补救阶段到来之前，数据剖析可以提前启动数据检查和更正工作。

数据剖析的特殊性也非常重要。只有当筛选到英国的供应商时，此列规则才真正有价值。如果我们针对全球数据运行此数据剖析规则，将无法确定字符串长度方面的格式要求。例如在南非，增值税编号格式始终是以 4 开头的 10 位数字格式。

通常，在事实表中查看大量数据时，格式匹配非常有价值。此外，还有其他技术更适合分析"维度"表中的列。字段值剖析就是其中一种技术。

2. 字段值评估

字段值剖析有助于理解列的"极值"。如前所述，在检查"事实"表时，它不如字符串长度和格式匹配有用。这是因为对于海量数据，只查看极值往往不能说明什么问题。话虽如此，正如下面的例子所示，剖析的这个功能仍然有价值。

> **注释——事实表和维度表**
>
> 事实表是要分析的大数据表，例如销售订单及其金额。维度表通常要小得多，是希望对数据进行"切片"的信息。维度的示例包括国家、组织单位和销售渠道。你可能需要按国家、销售渠道（维度）报告销售订单的总价值（事实）。

这里使用的数据集是 2005 年至 2010 年间英国所有道路交通事故的列表。它包含每次事故的地点和性质，以及事故发生时的天气信息。

在这个数据集中，记录了事故发生的道路编号。在英国，道路通常用 M（高速公路）、A（主要道路）或 B（次要道路）进行编号。从字段值中，我们立即注意到道路编号列中的一些问题。以下屏幕截图来自 Attacama DQ Analyzer 工具，可通过此链接免费获得：https://www.ataccama.com/download/q-analyzer（见图 5.7）。

Expression	Type	Domain	Non-null	Null	Unique	Distinct	Min	Median	Max
Accident_Index	STRING	pattern	1,048,575	0	670,991	671,340	2.0050...	200601TE002...	201091NM02142
_st_Road_Class	STRING	enum pattern	742,986	305,589	0	5	A	A	Motorway
_st_Road_Number	STRING	integer pattern	1,048,573	2	1,066	6,552	0	272	9999

图 5.7 事故数据中的英国道路数量概况

（来自 Kaggle 平台的英国事故数据（https://www.kaggle.com/datasets/tsiaras/uk-road-safety-accidents-and-vehicles）由 ThanosTsiaras 根据公开信息绘制）

从以上屏幕截图中可以看出以下内容：

- 最小值为 0，最大值为 9999。这两个值在英国都不是真正的道路编码。
- 当观察这些值出现的频率时，我们可以看到 0 是非常常见的，并且存在一些空值（见图 5.8）。
- 27% 的数据集的值是 0，这意味着它可能有意义。例如表示没有编号的道路，如小型住宅区。

Basic	Frequency	Domains	Mask	Quantiles	Groups

Frequency Analysis

Range: none

100 most common values:

Value	Count	%
NULL	2	0.00%
0	286,845	27.36%
1	13,835	1.32%
6	11,998	1.14%
4	9,889	0.94%
25	7,080	0.68%
5	7,018	0.67%
40	6,781	0.65%
38	6,401	0.61%
3	5,697	0.54%
23	4,892	0.47%
41	4,738	0.45%
2	4,488	0.43%
34	4,367	0.42%
62	4,147	0.40%
61	3,935	0.38%
27	3,831	0.37%
12	3,631	0.35%

图 5.8 道路编码数据的频率分析

通过分析马上就可以向最了解该数据集的人提出问题。显而易见下一步应该是连接到一个具有正确英国道路编号列表的外部数据源，将该数据集中的数据与之比较，并识别数据集中没有出现在外部数据源中的记录。例如维基百科提供了英国 A 公路列表（https://en. Wikipedia. org/wiki/a_roads_in_Zone 1 of _the_Great_Britain_numbering_scheme）。然而，如前所述，0 值可能有意义，这一点可能需要考虑在内。

在这种情况下，通常会有一种方法将两个字段关联起来，以获得更好的数据质量结果。如果事故数据中有一个字段告诉我们关于道路的更详细信息，那么它可以与道路编号相关联。

道路类型如下：

- 高速公路/双车道。
- 主要贯通道路。
- 支路/巷。
- 住宅死胡同。
- 工业园区里的道路。
- 私人用地。

以下是进一步解释道路参考命名法的示例：

- "A" 道路必须是 "双车道" 或 "主干道"。
- "B" 路必须是 "支路/巷"。
- 道路编号为 "0" 的道路可能是 "住宅死胡同" "工业园区里的道路" 或 "私人用地"。

使用 "映射" 我们可以创建一个数据质量规则，来识别道路编号中使用了 "0"，但道路类型缺乏适当编号的数据。

3. 完整性

最基本的数据剖析检查是完整性检查。根据道路交通数据，可以查看天气条件字段。该字段用来记录事故发生时的天气情况信息。

从基本分析中我们可以看出，有 20699 行是 "空" 的，占总数的近 2%。

然而，当查看频率分析时，可能会发现还有其他值是不完整的。

例如“其他”表示没有提供任何有用的天气细节。除了主要值之外，还可以看到无意义的值，这些值看起来是时间（例如 17：00）。为了进行完整性检查，我们可以将所有有意义值（下图中未突出显示的值）数据行相加。数据集中的其他字段，也可能记录天气数据。例如有一个路况字段，其中有“潮湿”或“湿气”等信息，如图 5.9 所示。

Basic | Frequency | Domains | Mask | Quantiles | Groups

Frequency Analysis

Range: none

100 most common values:

Value	Count	%
NULL	20,699	1.97%
Fine no high...	810,575	77.30%
Raining no ...	122,440	11.68%
Other	26,040	2.48%
Raining + hi...	14,313	1.36%
Fine + high ...	13,192	1.26%
Snowing no...	8,389	0.80%
Fog or mist	5,935	0.57%
None	3,274	0.31%
Snowing + ...	1,271	0.12%
17:00	269	0.03%
17:30	268	0.03%
16:00	262	0.02%
16:30	239	0.02%
18:00	215	0.02%
15:00	205	0.02%
15:30	204	0.02%
13:00	197	0.02%

图 5.9　道路交通数据天气列的值频分析

如此，数据剖析结果可能产生如下规则。

- 天气列的数值必须是以下值之一：
  - 晴朗，没有大风。
  - 晴朗，有大风。
  - 下雨但没有大风。
  - 下雨且有大风。
  - 下雪但没有大风。

◆ 下雪且有大风。

◆ 雾或薄雾。

◆ 无。

在这种情况下，"None"可能表明没有显著的天气条件会影响交通事故——有别于"其他"。

另一个关键点是，完整性检查只有在筛选到数据子集时才真正有用。回到前面的增值税编号示例，对大型企业、中小型、微型企业的增值税号设定相同的完整性期望值是不合适的。对于中小型企业和大型企业，你可能希望增值税编号字段的完整性达到 90% 或更高。所有这些企业很可能都会注册增值税，因为这样做通常对他们的财务状况更有利。对于微型组织，完整性水平更有可能在 50% 左右。其中某些实体将从增值税登记中受益，有些则不会，并非所有实体都会登记。

因此，合理的做法是运行两次数据剖析——一次针对微型企业，另一次针对其他所有企业。

4. 唯一性和非重值

之所以将两者放在一个章节，是因为通常对他们一起进行处理。

道路交通事故数据集中有一个字段包含事故位置信息，采用"Lower Layer Super Output Areas（LSOA）"（LSOA）的系统定义。LSOA 系统在人口普查方法页面上对此进行了解释：https://www.ons.gov.uk/methodology/geography/ukgeographies/censusgeographies/census2021 geographies#lower-layer-super-output-areas-lsoas。LSOA 是格式为"E11111111"的编码。它总是以"E"开头，其后有 8 个数字。它代表了一个相对较小的地理网格区域。这为数据的唯一性和去重值剖析提供了一些启发，如图 5.10 所示。

从这一分析中，我们可以看到，在数据所涵盖的时间段内，这些网格中有 2001 个地点（唯一值 Unique）只发生了一次事故。去重后有 38516 个不同的网格至少发生过一次事故。其中大多数是不唯一的，这意味着他们在不同时间经历了两次或两次以上的事故。

从逻辑上讲，这似乎是非常合理的，但并不意味着能立即据此建立数据质量规则。

果然，当查看"Accident_Index"列时，可以看出明显的问题。"Accident_Index"应该是个唯一的数字，可以用来统计不同网格的事故数量。每起事故都应有唯一的"Accident_Index"，如图 5.11 所示。

Basic Analyses

Expression: LSOA_of_Accident_Location
Data type: STRING
Domain: pattern
Rows: 1,048,575

Counts

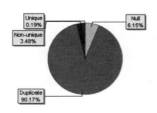

Type	Count	%
Null	64,528	6.15%
Non-null	984,047	93.85%
Duplicate	945,531	90.17%
Distinct	38,516	3.67%
Non-uni...	36,515	3.48%
Unique	2,001	0.19%

Statistics

Type	Value	Frequency
Minimum...	167040	1
Median v...	E010169...	72
Maximu...	W01001...	7

Type	Value
Minimum...	2
Median le...	9
Average l...	8.92
Maximu...	9

图 5.10 LSOA 列的唯一和去重后数值

Basic Analyses

Expression: Accident_Index
Data type: STRING
Domain: pattern
Rows: 1,048,575

Counts

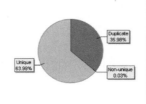

Type	Count	%
Null	0	0.00%
Non-null	1,048,575	100.00...
Duplicate	377,235	35.98%
Distinct	671,340	64.02%
Non-uni...	349	0.03%
Unique	670,991	63.99%

Statistics

Type	Value	Frequency
Minimum...	2.00503E...	1,900
Median v...	200601T...	1
Maximu...	201091N...	1

Type	Value
Minimum...	8
Median le...	13
Average l...	12.25
Maximu...	13

图 5.11 事故指数列的唯一/去重后的数值

对图 5.11 的分析确实说明了一个问题，存在大量的重复值（接近 36%）。这些重复值实际分布在少数值（349 个）上。可以在图 5.12 频率分析中看到这一点。

Frequency Analysis

Range: none

100 most common values:

Value	Count	%
2.00513E+12	7,277	0.69%
2.00613E+12	7,162	0.68%
2.00713E+12	6,867	0.65%
2.00813E+12	6,501	0.62%
2.00913E+12	6,255	0.60%
2.01013E+12	5,760	0.55%
2.00644E+12	5,578	0.53%
2.00744E+12	5,561	0.53%
2.00546E+12	5,519	0.53%
2.00746E+12	5,391	0.51%
2.00646E+12	5,368	0.51%
2.00552E+12	5,341	0.51%
2.00547E+12	5,219	0.50%
2.00846E+12	5,208	0.50%
2.00946E+12	5,158	0.49%
2.00747E+12	5,107	0.49%
2.00652E+12	5,082	0.48%
2.00647E+12	5,039	0.48%

100 least common values:

Value	Count	%
201091NJ1...	1	0.00%
201091NJ1...	1	0.00%
201091NJ1...	1	0.00%
201091NJ1...	1	0.00%
201091NJ1...	1	0.00%
201091NJ1...	1	0.00%
201091NJ1...	1	0.00%
201091NJ1...	1	0.00%
201091NJ1...	1	0.00%
201091NJ1...	1	0.00%
201091NJ1...	1	0.00%
201091NJ1...	1	0.00%
201091NJ1...	1	0.00%
201091NJ1...	1	0.00%
201091NJ1...	1	0.00%
201091NJ1...	1	0.00%
201091NJ1...	1	0.00%
201091NJ1...	1	0.00%

图 5.12　Accident_Index 列的频率分析

可以看到，该列中有一些值的相关数据超过了 7000 行。当详细检查这些相关数据时，可能会发现并非每一列数据都是相同的。例如尽管事故编号相同，但每行事故的道路 ID 和位置却不同。从本质上讲，数据告诉我们，同样的事故发生在许多不同的地点。

这表明该列的数据质量存在重大问题，错误地将相同的事故编号值写入了明显不同的记录中。通常在这种情况下，需要返回源数据找出根本原因，并需要重新剖析数据。

从这些不同的例子中，希望能理解数据剖析工作的真正价值。与我们主观想看到的数据画像相比，这是鼓励讨论数据真实画像的最佳方法。

在解释了数据剖析的好处后，本章的其余部分解释了如何将数据剖析工具和包含数据的系统连接起来。

5.4.3　连接到数据库

剖析数据的一个重要挑战在于连接数据。在前面的例子中，是将一个 Excel 文件上传到数据剖析工具 Attacama。该工具（以及本章前面提到的其他工具）也可以直接连接到数据库。

1. 连接到数据库的优势

通常最好使用直接连接数据库的方式。因为一旦建立了与数据的连接，就可以通过控制不同参数轻松快速地重新剖析数据。如果第一个剖析数据表明实际需要按地理位置划分数据，并在每个州分别运行剖析工作，那么就可以轻松快速地完成这项工作。如果通过数据文件的方式，这需要依赖另一个团队，可能需要等待很长时间。

另一方面是尽可能靠近数据源，以避免提取、转换和加载程序对数据源进行任何更改。例如过去曾被要求通过 API 连接到数据源进行数据剖析。虽然这种方式非常有效，但这种情况下 API 已经包含了数据转换，这意味着剖析没有反映出需改进数据库数据的真实面目。

最后，当开始根据规则创建和监控数据时，建立与数据库的连接对于全面的数据质量方案是必要的，因此现在完成这项工作是向前迈出的积极的一步。

在连接到数据库之前，重要的是要考虑以下注意事项。

2. 其他考虑因素

如果要连接到数据库，请务必考虑以下几点：

- 数据库的所有者是否能提供连接到该数据库的权限？
- 数据剖析会对数据库的性能产生什么影响（如果有的话）？是否会对数据库所需的其他活动产生任何影响？
- 数据库中是否包含适合访问的数据？是否有任何数据隐私方面的考虑？

数据库的所有者通常可以提供这些问题的答案。在一些数据质量方案中，通常会创建一个 ETL 程序，将数据（通常在工作时间之外）提取到专门的数据库中进行分析处理（联机分析处理 OLAP 数据库）。这样可以将数据分析工作的潜在性能影响与包含实时数据的数据库分离开来。

有时，连接到数据库所花费的时间可能比你在数据发现阶段花费的时间更长。找到一个可用于剖析数据，且方便连接的测试系统非常重要，因为用户对这些系统的访问权限通常要求较低。但是，要确保测试系统中的数据必须能代表实时系统。

建立连接可能需要多级审批。这种情况下，提取数据文件的方式比较合适，如果你的团队有权限这样做的话，这可能是最方便的方式。如果确实使用文件提取模式，那么在启动之前与数据安全团队讨论这一点很重要。

5.5 本章小结

本章的前半部分概述了如何正确理解企业的业务战略。如果这一点进展顺利并得到了正确的支持，组织就会认为数据质量提升方案真正理解了业务的优先级。这就会让人相信，数据质量所做的工作关注在正确的方向上。

本章还概述了需要妥善利用数据发现阶段的信息，仔细探究影响战略挑战的根本原因，以及如何将这些挑战与流程、分析和数据联系起来。

上述提到的所有工作都为数据剖析找到所需的数据。本章介绍了剖析提供的主要输出及其可能产生的潜在数据质量规则。这可能揭示出一些令人惊讶的信息，甚至对那些每天都在使用它的人来说也是如此。到目前为止，关于数据的沟通已经达到了可以充分开发数据质量规则的地步。

按照数据质量改进周期，接下来开始识别规则、细化规则，并为实施规则做好准备，下一章将讨论这一主题。

第 6 章

数据质量规则

到目前为止，我们已经了解了如何制定数据质量方案——应该咨询哪些人，如何赢得他们的支持，以及如何确保关注正确的领域。

在上一章利用数据发现技术识别关键数据并找出其缺陷的基础上，本章可以启动定义数据质量规则。这标志着工作进入了关键阶段，这些规则会产生一个个数据质量分数，最终将根据这些分数评判组织的数据质量。

本章将帮助你编写一套清晰易懂的规则业务定义，然后使用数据质量工具将其转换为对数据定期检查的程序。我们将探讨规则的各种特征，如规则的阈值、如何将阈值分配到数据质量维度、衡量规则失败（数据没有通过规则的校验）的成本，以及重要规则的权重设置等。

在本章中，我们将介绍以下主题：

- 数据质量规则介绍。
- 数据质量规则的主要特征。
- 实施数据质量规则。

6.1　数据质量规则介绍

数据质量规则是应用于数据集中每一行数据的逻辑，可判定该行数据是正确还是错误。

通过了规则检查的数据被视为正确的数据，而不正确的数据则表示未通过规则校验——这就是在第 7 章中频繁出现的"不合格数据"一词的由来。

数据质量规则的输出结果永远是布尔型——换句话说，对一行数据的判定结果是合格，或者不合格，没有其他。表 6.1 提供了几个非常简单的示例。

表 6.1　数据质量规则示例

业 务 逻 辑	合格行示例	不合格行示例
所有供应商的增值税号必须完整	该字段中只要包含任何可见字符就是合格的	任何"空"或"空格"都是不合格数据
增值税号的格式必须为 AA111111111 其中 A＝ 非数字字符，1＝ 数字字符	GB123456789	12GB3456789
"服务"类供应商（供应商组 1-1）的付款期限必须为 30 天或以上	60 天	立即支付

这些规则的威力并不在于单条规则，而在于将所有规则的结果合并，呈现出数据质量状况的全貌，以及提供一份可供纠错的不合格记录清单。

表 6.1 中的简单示例形象解释了规则概念，但这些例子缺少一个关键要素——规则范围。

规则范围

当类似表 6.1 中的前两个示例一样泛泛而谈时，这样的规则往往缺乏影响力。通常情况下，提高规则影响力的方法是使其具体化——换句话说，就是界定规则的范围。表 6.1 中的最后一条规则已经做到了这一点。规则的具体范围仅针对"服务"类供应商。这意味着，其他类型的供应商，如政府、属于同一集团的兄弟公司和公用事业单位将不受本规则约束。这样的做法比较恰当，因为这些供应商可能需要立即付款。如果将该规则笼统地应用于所有供应商，就会导致许多"假阳性"数据，从而降低最终用户对该规则的信任。

把规则的适用范围添加到表 6.1 的两条规则上，结果如表 6.2 所示。

表 6.2　限定适当范围的修订后规则

修订后的规则定义	规则范围	范围的重要性
在英国和欧盟（EU），营业额大于国家最低要求（例如在英国是 8 万英镑）的供应商，必须填写增值税号	供应商表包括一个记录供应商总营业额的字段和一个记录供应商地区的字段 与欧盟一样，营业额超过国家增值税登记最低限额的供应商都将被纳入规则范围 例如所有营业额超过 8 万英镑的英国公司都将被纳入其中	英国和欧洲有增值税的概念，因此，这些地区以外的供应商不需要有增值税号（也有一些例外情况，但为了使这个例子简单明了，这里忽略那些例外情况） 如果将"微型"供应商（营业额极小的供应商）包括在内，就会要求它们提供增值税号，而许多微型供应商并没有增值税号
英国供应商增值税号格式必须为：AA111111111，其中 A = 非数字字符，1 = 数字字符	本规则仅适用于英国供应商。其他欧洲国家的格式有所不同 在现实中，会有许多细微不同的子规则被归类为"无效增值税号"规则 英国政府的这篇文章介绍了欧盟增值税号格式的复杂性： https://www.gov.uk/guidance/vat-eu-country codes-vat-numbers-and-vat in-other-languages	如果表 6.1 中所提供的规则没有具体针对英国供应商，它就会把英国以外的供应商都识别为不合格数据，因为它们的增值税号格式与英国的不同

　　在设计研讨会上向业务用户询问数据质量规则时，他们通常会提供如表 6.1 那样缺乏明确定义范围的规则。要对这些规则提出疑问，看看是否有遗漏的信息。最终的规则通常更像表 6.2 中列出的那样。

　　如果你无法从利益相关方那里获得这种详细程度的信息，那么在构建规则时，就会缺少适当的范围，并导致假阳性产生。这些假阳性将有助于确定在哪些方面需要对规则范围进行更有针对性的调整。反过来，这将有助于你将规则迭代得更加精准。显然从一开始就确定正确的范围会更有效率，但在现实中，迭代总会发生。

　　规则范围的差异导致被评估记录的数量不同。假设某组织有 3000 名员工，并编写了数据质量规则来评估员工主数据的质量。如表 6.3 所示，有些规则可能适用于所有 3000 名员工，但有些规则可能只适用于这些记录的子集。

表 6.3　不同规则范围影响评估记录数量的示例

规　　则	评估记录总数	注　　释
所有员工必须有社会保障号	3000	虽然社会保障号的类型因国家而异（例如在英国被称为国民保险号），但在大型组织运营的国家，这通常是一项普遍要求

（续）

规　　则	评估记录总数	注　　释
所有员工必须姓名齐全	3000	同样，该项适用于所有员工，与雇员类型或工作地点无关
所有员工必须有一个电子邮件地址	3000	在现代社会，几乎每个从业者都会有一个电子邮件地址
合同工的合同结束日期必须为当前日期的 18 个月之内	400	各组织需要获取有关合同工的不同信息，例如离职日期、日薪率和机构名称。这不适用于长期雇员
长期雇员的 banding 字段取值应该在 A 到 G 之间	2600	反之亦然。合同工无须提供长期雇员的某些信息（例如他们的职级或服务年限）
在组织结构中至少有一名直接下属的员工应被纳入"人事经理"微软活动目录组	1100	企业中有一部分人将承担人事管理责任。这些人通常需要特定的沟通。此规则可用于确保将他们列入通讯录中。在这个示例中，信息将发送给 Microsoft 生态系统特定安全组（称为 Azure active Directory Group）中的每位员工

通常，评估记录数量的差异会让首次访问数据质量报告的人员感到困惑。因此，在业务用户看到的规则定义中，能清楚地解释这一点非常重要。本章后续将再次讨论这一概念。

在解释了什么是规则，介绍了规则范围的基本概念后，下一节将探讨在定义数据质量提升方案的规则时，必须考虑的一些重要特征。

6.2　数据质量规则的主要特征

前面已经介绍了数据质量规则，我们接下来重点关注首次制定规则时必须考虑的一些关键概念。图 6.1 概括了这些概念。

在设计数据质量规则时，需要考虑上述所有概念。在设计流程开始之前，必须充分理解这些概念，以免日后不得不重新审视每条规则并对其进行重新改造。

本节的其余部分将举例说明这些概念。

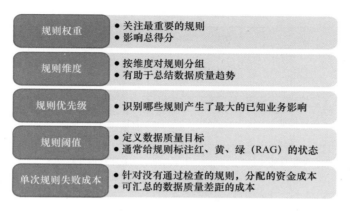

图 6.1　数据质量规则主要特征参考图

6.2.1　规则权重

规则权重用于为某些规则分配高低不同的重要性。关键规则将被赋予更高的权重。数据质量工具在计算总体数据质量分数时，会使用所提供的权重，见表 6.4。

表 6.4　权重影响的说明

规则 ID	非加权得分	权　重	加权得分
1	60	1	60
2	60	1	60
3	60	1	60
4	90	1.5	135
平均	67.5		78.75

表 6.4 显示了权重对数据质量总分的影响。得分最高的规则比其他规则的权重更大，对总分的影响也更大。

显然，这个例子是为了解释概念而故意夸大的，但是赋权确实会产生重大影响，必须仔细斟酌。下文将就何时应使用加权、何时不使用加权提供一些指导。

1. 加权应用案例

在本节开始时，需要声明一下：我不是数据质量规则权重的拥护者。我通常发现这很难向最终用户解释，而且会降低数据质量评分的透明度。数据质量报表的用户必须了解哪些规则有权重，为什么有权重，以及权重对评分的影响。通常，这些用户会表示对数据质量工具的稳健性担忧，认为只是平均值计算有误。必须定期审查权重，坦率地说，这是在设计阶段需要考虑的"另一件事"。我的观点并不意味着权重没有价值。以下是两种加权可能有用的情况。

2. 一组不同的规则决定了数据集能否被成功使用

在这种情况下，可能会有大量的规则，但其中只有较少规则会对数据的主要用途产生实际影响，例如以下规则。

- 用于计算年度奖金的雇员和雇员评级数据集。
- 有五条规则被认为对此至关重要：
  ◆ 员工的评级介于 1 和 4 之间（1 为最高绩效水平）。
  ◆ 员工有开始日期（查看是否必须按比例发放奖金）。
  ◆ 员工有工资（奖金按年薪的百分比计算）。
  ◆ 员工有级别（不同级别员工的年度奖金计划百分比不同）。
- 雇员每周保持一定数量的合同工时（以确定是兼职还是全职）。
- 此外，还要检查以下内容的规则：
  ◆ 员工姓名和地址的完整性。
  ◆ 员工联系方式（电子邮件地址和电话号码）。
  ◆ 包含员工直线经理的详细信息。
- 这些附加规则用于确保发送给员工的奖金通知函准确且专业。例如使用正确的姓名和地址，并由其直线经理签发。

在这个例子中，组织是否发送奖金通知函很重要，但更关键的是正确计算奖金。很明显，奖金计算错误或遗漏的影响要远大于奖金通知函出错。

在这种情况下，将前五条规则的权重提高到其他规则之上可能是有意义的。这可能会让组织的领导者更真实地了解数据质量，从而在奖金发放前分配资源来纠正数据。如果五项关键规则的数据质量很低，但姓名、联系方式和直线经理的数据质量很高，那么对问题规模的认识就会出现偏差。提高这五项关键规则的权重意味着该领域需要关注。

3. 受严格监管的行业必须优先考虑法律遵从性

在银行业和制药业等受监管行业，企业向监管机构提交数据是司空见惯的事。例如银行向监管机构提交的监管资料，提供财务状况和当前面临的风险水平的监管数据。监管机构还会考察金融服务机构在与个人消费者互动时的表现。在制药行业，每种新产品都需要向监管部门提交申请。监管审查人员还会要求提供有关不良事件（例如患者对药物的反应）和产品生产过程中偏离规范流程的数据。这些行业的企业会根据数据质量规则对提交的数据进行例行检查。这些企业还会使用数据质量规则来管理其他数据，如供应商、员工或客户数据。如果企业有一个单一的整体数据质量**关键绩效指标**（KPI），那么对那些会影响监管合规性的规则给予更大的权重可能是合理的。缺乏监管合规性会危及此类组织的生存，因此需要加大其权重。

不过，在这个例子中，值得注意的是数据质量报告可以分为不同的主题域。与合规性相关的数据可以单独划分专题，以便于查看。这是加权的一种替代解决方案。

如前所述，我并不支持加权这种做法。我之所以将其纳入本章，是因为它可以帮助推动某些组织向前走，有时使用它可能是说服利益相关方支持你的工作的关键。数据质量规则的下一个关键特征得到了更广泛的认可，事实上，我从未见过哪个组织不按数据维度对规则进行分组。

6.2.2 规则维度

本节将解释如何将规则关联到维度上，以及这样做的好处。

从本质上讲，数据质量维度有助于利益相关方讨论组织内的数据现状。通过将规则附加到维度上，可以将数百条规则分类到 6 个组（完整性、唯一性、及时性、准确性、有效性和一致性）中的任意一组，从而方便开展讨论。

例如总共有 200 条关于产品数据的规则。如果不以某种方式对这些规则进行分组，就很难进行领导层面的讨论。你可以突出最关键的规则或最差的结果，利用维度引导讨论也会有所帮助。高层领导听到以下解释会很有启发："目前第二季度产品数据完整性为 64%，比第一季度的 70% 有所下降。"这句话的后面还可以准确描述是哪些规则导致了这一趋势，以及数据质量下降对业务的影响。以这种方式呈现信息，可以引导领导者思考这些数据质量问题如何影响他们的业务目标。具体是哪些规则推动了这一趋势的详细证据也很重要，详细证据使得声明具有一定的可信度。如果你直接展示详细证据，很可能会丢失一些信息——尤其是在和习惯于接收"全局"信息的高层领导交谈时。

数据质量维度是分析数据质量评分的有用方法，但不应是唯一的重点。回到规则权重部分中的员工奖金示例，在关键的五条规则中，有四条会映射到完整性维度，另一条会映射到有效性维度。然而，仅将这些规则归属到不同维度进行分析是没有意义的。最好是将这些规则作为一个战略主题进行分析。每条规则都可以归入一个主题，并进行整体分析。这样做是考虑到高层领导只想知道是否能按计划准确发放员工的奖金，而不是了解完整性和有效性如何应用。

6.2.3　规则优先级

从业务利益相关方收集规则需求时，通常会发现有些需求对业务至关重要，而有些则不太重要。通常情况下，最重要的"X"条规则会被优先考虑——"X"指的是在团队可用资源和预算的情况下可以包含的规则数量。

这就意味着最低优先级的规则将从提升方案范围中删除。然而，在第一条规则、最重要的规则和刚好纳入范围的规则之间，其重要程度仍会有差异。

为这些规则分配优先级是一种很好的做法，这样你的报表用户（如第 7 章所述）就可以只关注对业务最关键的优先项。

决定优先级

决定要进行规则优先级排序后，下一步就是确定一个逻辑框架，以确定适当的优先级。这一点因组织而异，表 6.5 提供了一个示例可以作为参考。

表 6.5　用于确定规则关键度的标准示例

优先级别	识别特征
关键	该类数据质量规则失败最多只能容忍一个月 所有规则失败的总和对收入或成本的量化影响达到或超过 10 万美元 失败可能导致不符合当地法律法规的直接风险 失败会导致和重要的业务合作伙伴关系破裂，例如失去一个重要客户 失败可能会对组织在市场上的声誉造成无法弥补的损害

（续）

优 先 级 别	识 别 特 征
高	该类数据质量规则失败最多只能容忍两个月 所有规则失败的总和对收入或成本的量化影响达到或超过 5 万美元 失败可能导致不符合当地法律法规的风险增加 失败可能会破坏重要的业务合作伙伴关系，例如重要客户的订单减少 失败可能会严重损害组织在市场上的声誉
中	该类数据质量规则失败最多只能容忍六个月 所有规则失败的总和对收入或成本的量化影响达到或超过 1 万美元 数据质量对组织绩效的影响导致其与业务伙伴的关系受到负面影响
低	与之前的关键度等级不符的其他问题 请注意，如果某个问题非常关键，但特征与上述所列不同，则可以通过裁决来提高其关键程度

6.2.4 规则阈值

本节描述规则的所有关键特性中，我认为这是最关键的一个。规则阈值是设置规则的"门槛"，即在数据质量不再符合第 1 章中关于问题数据的定义之前，你期望数据质量达到的标准。例如社会保障号（SSN）的完整性应达到99%的阈值。这意味着只有 1% 的记录不符合规则要求。

表 6.6 是另一个说明该问题的表格，其中包括一条未达到阈值的规则。

表 6.6 已定义简单阈值的数据质量规则示例

规　　则	评估记录总数	合 格 总 数	不合格总数	数据质量得分	是否达到阈值
SSN 完整性	3000	2970	30	99%	是
SSN 有效性	3000	2910	90	97%	否

下面介绍一些在制订规则阈值时需要考量的关键因素。

1. 低、中、高阈值

在本节迄今为止的示例中，只定义了一个阈值。但实际上，更常见的是定义两个阈值。下面介绍了与这些阈值相关的分数含义。

- 低于较低阈值的分数：低于较低阈值的分数被视为质量极差——换句话说，远低于可接受的标准。如果使用**红黄绿**(RAG) 配色方案，低于此阈值的分数为红色。
- 介于较低和较高阈值之间的分数：介于较低和较高阈值之间的分数被视为略低于预期标准。换句话说，在 RAG 颜色方案中是黄色。
- 高于较高阈值的分数：等于或高于较高阈值的分数被视为达到预期标准。换句话说，是绿色的。这意味着无须特别努力来继续提升分数。

在第 1 章中，我们谈到为获得完美数据所付出的努力往往大于可能获得的收益。较高的阈值本质上就是对这一点的认可。一旦超过了较高的阈值，就不值得再花精力做进一步改进了。总会有另一条仍处于红色或黄色级别的规则值得你花时间去研究。

表 6.7 是另一张数据质量阈值表，包含两个阈值。

表 6.7　已定义两个阈值的数据质量规则示例

规　　则	评估质量得分	阈 值 下 限	阈 值 上 限	达到的阈值
SSN 完整性	99%	95%	99%	较高阈值（绿色）
SSN 有效性	97%	95%	99%	介于较低和较高之间（黄色）
员工 Email 地址有效性	87%	90%	95%	较低阈值（红色）

2. 设置和调整阈值

必须为每条规则设置阈值级别。为所有规则设置相同的阈值是不恰当的。每条规则都有细微差别，不同规则的失败会对组织产生不同的影响。

有些规则对失败的容忍度几乎为零，换句话说，高阈值至少要设置到 99%。其他规则要求较高的容错度，例如高阈值可以设置为 80%。下面通过几个例子来解释说明。

3. 零容忍——雇员工资单范例

如果数据质量问题导致员工无法按时领到工资，则通常会采用更高的 100% 阈值。任何组织都不希望出现员工工资迟发或不发的情况，所以设置零容忍度。这类规则的一个例子是"员工银行详细信息（银行密钥、账号和账户名称字段）必须完整"。

至关重要的是，该规则的范围必须仅限于在该月工资截止日期之前开始工作的雇员。如果 2023 年 8 月的工资单截止日期是 8 月 15 日，而付款日期是 8 月 28 日，那么在 8 月 15 日至 8 月 28 日之间入职的员工都只能在 9 月份的工资单中领到第一次工资。员工会理解这一点。因此，必须过滤掉这些员工，以避免造成假阳性。当设定零容忍阈值时，就不应该出现误报。

4. 低容忍度——消费者电子邮件地址

消费者电子邮件地址的完整性通常有较低的容忍度。在欧盟和英国（以及世界上越来越多的国家通过类似于 GDPR 的立法），消费者可以选择不接收他们购买商品和服务的企业营销信息。

如果企业拥有消费者的电子邮件地址，那么向消费者销售产品时会获益。在电子商务过程中，企业会鼓励消费者创建账户并同意接收营销电子邮件。然而，消费者有权拒绝，并以游客身份购买。在这种情况下，企业不能在完成销售和交付产品后保留电子邮件地址。企业可以设定一个较低的阈值（60%）和一个较高的阈值（80%），但不适宜设定更高的阈值，因为无法预测哪些消费者会提供电子邮件地址。

如果该规则显示的分数低于较低的阈值，企业可能需要重新考虑创建账户的收益，使其对消费者更具吸引力。

5. 对较低容忍度的思考

实际上，我并不赞成像上一节那样设置消费者电子邮件地址规则，而是建议设置更高的阈值。我所描述的规则可以说不是一个好规则。更好的做法是过滤规则范围，排除所有不创建账户的客户，只对拥有账户的客户应用此规则，检查电子邮件地址的有效性。注册账户的消费者比例将是分析中的一个关键绩效指标，在线产品所有者可以利用它来通知网络体验的变化，以鼓励更多消费者创建账户。

然而，有时将阈值设定为较低水平确实是有道理的。人们普遍认为，好的目标应该是有一定难度，但不是不可能实现的。如果某项规则的起始分数很低（例如 30%，50 万条不合格记录），那么将阈值设为 90% 和 95%，则不太可能起到激励作用。将补救周期的阈值设定为 50% 和 70%，并在以后重新评估可能更合适。然而，调整阈值并不总是最佳的处理方法。最好从一开始就设置适当的阈值，否则，你就需要解释为什么原来是绿色现在又变成了黄色或红色。在前面的例子中，可以激励员工在第一个补救周期内将质量从 30% 提高到 60%。虽然仍是红色的，但还是会给予员工适当的认可和奖励。不过这绝对是一个灰色地带。许多运行良好的数据质量方案会在与利益相关方协商后调整阈值，直到所有相关方都满意为止。

6. 总体数据质量阈值

到目前为止，本节已经介绍了单条规则级别的阈值。在第 7 章中，我们将展示如何按不同维度将单个规则的结果分组，如下所示。

- 数据质量维度，如完整性。
- 业务部门。
- 地区或国家。

在按上述维度分组时，每个级别还有一个总体 RAG 状态。这意味着你需要像单个规则那样为汇总结果定义阈值。表 6.8（复用表 6.7，并加上了两个汇总行）说明了这一点。

表 6.8　综合数据质量评分阈值

规　　则	评估质量得分	阈 值 下 限	阈 值 上 限	达到的阈值
SSN 完整性	99%	95%	99%	较高阈值（绿色）
SSN 有效性	97%	95%	99%	介于较低和较高之间（黄色）
员工 Email 地址有效性	87%	90%	95%	较低阈值（红色）
完整性总分	99%	90%	95%	较高阈值（绿色）
有效性总分	92%	95%	99%	较低阈值（红色）

在设置汇总阈值时，主要考虑的是你希望推动利益相关方所采取的行动，这些利益相关方将在汇总级别审查数据质量得分。例如对于在业务单元级别定义的阈值，就会向该业务单元领导发送明确的信息。如果设置的阈值高于当前分数，那么传递的信息就是该单元的数据质量很差。如果设置的阈值比当前分数低，那么传递的信息是数据达到了预期标准。当然，整体信息应反映适用于该业务单元的数据质量规则。如果它们大多具有相对较高的阈值，那么将业务单元设置同样高的阈值也是明智之举。

有些组织对此采取了不同的方法。我工作过的一个组织采用了以下逻辑：

- 如果所有关键高优先级的规则得分均低于较低阈值，则整体 RAG 状态将变为红色。
- 如果 20% 以上的高优先级规则 RAG 状态为红色，则总分 RAG 状态也将为红色。

这种方法也适用于业务部门和地区汇总。这种方法对规则的优先级进行了全面排序，故在该组织内运行良好。如果某项关键规则的 RAG 状态为红色，那么它对业务的影响就足够大，高层领导就会认识到问题的严重性，因此，汇总的 RAG 状态就会得到理解和赞赏。

在考虑了为数据质量规则设置阈值之后，我们要介绍的最后一项概念是评估每条规则失败的成本。

6.2.5 单次规则失败的成本

有些组织非常重视量化数据质量问题的影响。正如第 1 和第 3 章所述，这确实很难做到，尤其是在一项质量方案开始之前。如果组织在这方面取得了成功，则可以在数据质量报告中反映出来。

如果一条规则失败的成本为 100 美元，显然 50000 次失败会给组织带来 500 万美元的损失。

试图为每条规则确定单次失败的成本是非常诱人的。这类信息确实会引起利益相关方的注意。在一个信息完全准确的完美世界里，成本数字将帮助我们获得更好的补救支持，也会让利益相关方主动"排队"，寻求在他们负责的领域启动数据质量提升方案的机会。

实际上，这样做必须非常谨慎。如果单次失败的成本值是随意推测出来的，那么它很快就会被审计所否定，这可能会对质量工作造成负面影响。当报告组织的整体数据质量时，数据必须经得起审查！

以下例子可以说明，投机性的单次记录成本数字是如何迅速被推翻的：

- 该规则可识别供应商缺少有效 DUNS 编号的情况。
- DUNS 编号用于标识供应商所属集团。
- 当组织意识到它与一个集团内的两家不同公司进行交易时，就会和对方协商折扣。折扣范围为该供应商集团总支出的 1%~2%。
- 单次失败的成本是基于每个供应商前 12 个月的支出，再乘以 1% 的下限计算得出的。

高级管理层看到单条记录的成本信息后，会提出以下问题：

- 是否确定将在未来 12 个月内与所有这些供应商合作？

- 是否确定每一个供应商中都是集团公司的一部分？
- 是否确定与该集团的其他成员单位进行交易？

这些问题不可能有任何答案，因为收集这类信息需要很长时间，最好利用这些时间来修正数据。因此，在这种情况下，单次失败的成本很可能是不靠谱的。

有效使用单次失败成本的实例

在解释了单次失败的成本是弊大于利的情况后，现在是时候举例说明单次失败的成本在哪些方面会有帮助了。

在很少或根本不涉及主观因素影响的情况下，估算单次失败成本是最有价值的。下面是一些例子：

- 一套数据质量规则，会检查新入职者（包括合同工和长期雇员）激活 IT 账户所需的所有数据是否到位，以及在入职日期前是否有效。员工的平均成本为每天 400 美元，在这些数据到位之前，他们无法入职。
- 检查所有为组织工作的专业人员是否持有有效执照的数据质量规则。每缺失一个许可证 ID，监管机构将罚款 1000 美元。

在这两种情况下，单次失败的成本经得起推敲。如果这一点做得好，单次失败的成本就能为本节的其他方面做出贡献。单次失败成本可以为设定优先级别和阈值提供信息。如果一个组织的营业额为 1200 万美元，而单次失败的成本为 5 万美元，那么较高的阈值应设置为近乎 100%。

现在，我们已经描述了数据质量规则的所有关键特征。请记住，没有必要在所有规则中应用所有特征。下一节将介绍如何在数据质量工具中实施规则。

6.3　实施数据质量规则

本章剩余部分描述了实施数据质量规则的端到端流程。该流程与其他 IT 项目实施过程相似，包括设计阶段、构建阶段和测试阶段。但数据质量实施工作的独特之处在于需要做好迭代的准备。当一个设计被记录下来时，你坚信它是正确的，但在构建和测试阶段会发现，数据中存在一些此前未曾预料到的微妙规则。

我们将按以下三个步骤描述实施工作。

6.3.1 设计规则

设计数据质量规则的过程始于 5.1 数据发现流程概览。在第 5 章，我们了解了业务策略，并成功将其与关键数据联系起来。我们对关键数据进行了剖析，了解了值分布和格式。从这一点出发，下一个合乎逻辑的步骤是数据质量方案的规则设计阶段。该活动的第一步是收集规则的业务描述。

1. 以业务语言描述规则

收集规则描述包括与业务利益相关方举行研讨会。通过研讨会，数据质量团队可以向利益相关方展示分析结果和结论，再用业务语言记录一套规则说明。

对话应该是这样的：

- 大家都同意，我们的对话需要关注在产品数据的一个关键元素上。
- 所选的产品数据元素包含三个关键字段。
- 这是这些字段的剖析结果。你有没有看到任何不符合预期的值或格式？
- 对于这些字段，你能描述一下"好"的数据是什么样子吗？能给出一些不恰当的值的例子吗？

这些对话将产生一系列描述句子，这些句子应该足够详细，便于转化为数据质量规则。以下是一个来自制造企业的例子：

- X 类产品的重量必须在 0.10~0.20kg。

这是一个有趣的例子，其目的是为了识别人们在创建产品主数据时常犯的一个错误。这个错误是操作员输入了标准包装的重量（其中包含 100 个单品）。企业资源规划（ERP）系统中的字段原本是用来存放"单品"重量的。这导致物流部门在计算货车满载重量时出现了困惑和挑战。

本案例中，这些额外的细节很有用，因为数据剖析显示在另一个产品类别中也存在类似的严重情况。该类别之所以被忽视，是因为这是一个中间产品，只在工厂之间运输并进行精加工。随后，该类别也被添加到规则中。

这个例子给我们的教训是，说明书一定要写明实施某个规则的业务原因。这可以启发设计的审核者思考，是否存在其他可能被忽视的情况。

总结一下，规则描述应该包括以下内容：

- 规则的范围（换句话说，对哪些产品、供应商、员工等适用范围限制）。
- 约束条件（例如下限和上限，或字段中的数据应遵循的格式）。
- 与其他字段的所有依赖关系（例如当字段 A 包含值 Y 时，此字段应包含值 X）。

另外，一定要记录实施规则的业务原因以及不遵循规则的影响。在获得了规则的业务描述后，研讨会应该转向对规则的分类。

2. 补充规则信息

业务描述信息是我们规则捕获过程中最重要的部分，但如我在本章前面所介绍的，还需要捕获一些额外的补充信息。下面将概述这些补充信息：

- 与规则相关的所有权重 —— 换句话说，这个规则在整体数据质量得分中是否应该比其他规则贡献得更多？
- 定义 RAG 状态的规则阈值（较低和较高的阈值）。
- 应分配给规则的数据质量维度（或多个维度）—— 例如关于产品重量的规则会被分类为有效性规则。
- 规则的优先级（使用如表 6.5 中概述的标准来定义）。
- 与规则相关的单次失败的成本。
- 与规则相关的技术信息。例如产品类别（product category）可能是用来将产品分组的业务术语，但在如 SAP ERP 记录系统中，这个字段可能是 material type 或 material group。理想情况下，应该从与业务谈话或剖析结果中获取一个准确的字段名称。

以上这些信息应该能够满足规则设计的业务需求。

3. 规则的技术设计

一旦业务设计信息就绪，通常会有一个更具技术性的团队成员（例如第3章中概述的解决方案架构师角色）将此信息翻译为开发人员可用来编码的信息。表6.9提供了一个这样的例子。

表 6.9　一个将业务描述翻译为技术细节的示例

规　则	相 关 字 段	表	字 段	代 码 考 虑
在 X 类别和 Y 类别的产品中，产品重量必须在 0.10~0.20kg	产品重量（SAP 中的净重）	MARA	NTGEW	如果 NTGEW 值 >= 0.1 且 NTGEW 值 <= 0.2，标记记录合格。如果不满足此条件，标记为不合格记录
同上	产品类别（SAP 中的材料组）	MARA	MATKL	在 MARA 表中，只筛选字段 MARA-MATKL = A101 和 A102 的产品（材料）

表6.9将业务术语翻译为系统术语，如下：

- MARA 是 SAP 中的主产品表。
- 在 SAP 中，产品被称为"*Materials*"。
- 提供了技术字段名称（产品重量为 NTGEW，产品类别为 MATKL）。
- X 和 Y 类别被翻译为 SAP 产品类别（或材料组）值 A101 和 A102。

开发人员能理解这些信息，并能够据此用代码构建规则信息。

此时，解决方案架构师应该能够评估规则开发的全部复杂性，并估算开发所有规则所需的工作量。通常需要召开一个确定最终范围的会议，决定选用哪些规则和放弃哪些规则，以便预算和时间能够满足这个范围要求。

一旦确定了范围，开发人员可以开始构建过程。

6.3.2　构建数据质量规则

本书并不打算深入到能指导潜在开发者编写数据质量规则的细节。因此，这将是一个相对简短的部分，目的是确保数据质量团队成员和领导者充分了解构建过程中所涉及的内容，以便他们可以正确地支持开发者。

表 6.10 是开发过程的关键阶段，以及开发者需要的支持。

表 6.10　规则开发的各个阶段以及领导者如何支持开发者

构建阶段	详细内容	所需支持
连接到数据源	开发者首先连接到需要检查数据的源系统。需要创建新的后台（技术）用户账号来从这些系统中读取数据	领导者需要为访问权限的申请提供支持，或与安全团队领导合作，确保工作得到优先处理
开发提取、转换和加载（ETL）任务	一旦开发者成功连接到源系统，他们将开始从需要开发规则的所有字段中提取数据。这些数据需要转换为所选数据质量工具可以轻松使用的格式和结构。开发者需要将来自多个源系统的数据组合到一个模型中 需要设置任务计划，以确保数据按照所需的频率（例如每天或每周）刷新	该阶段，所需领导的支持是相对来说最少的。这是工作中最技术化的阶段
开发规则	一旦数据加载到相关的数据质量工具，开发者就可以开始构建规则了 一些数据质量工具允许开发者从数据剖析开始，直接从中创建规则。这可以节省时间，因为开发者可以从剖析结果中选择一组值，并指定只有这些是可以接受的。工具会为此创建适当的代码 更复杂的数据质量规则需要在没有工具支持的情况下构建，换句话说就是"从零开始"	开发者会发现规则设计模糊不清的情况，或者实际数据显示应该更改设计的情况 领导者需要迅速对这些问题做出反应，并给出解决方案，以确保计划不会有任何延迟
集成到数据质量报告中	第 7 章将深入介绍数据质量报告，但将规则纳入这些报告（以及构建报告本身）是设计和构建过程的关键部分	领导者需要支持开发者确定规则应映射到第 7 章中描述的哪些不合格数据报告 报告的设计可能会在构建阶段发生变化，领导者需要准备好将利益相关方聚集在一起，审查原型并发表评论
将开发工作转移到测试系统	在测试活动之前，开发者需要将已完成的工作从开发环境转移到测试环境	这通常需要有变更委员会和其他 IT 部门审批。领导者应该准备好支持开发团队获得这些审批

这个表格需要根据不同情况（不同的数据质量工具或不同的源系统）进行调整，但基本的观点是，应该尽早了解开发者所需的支持，领导者应该参与构建周期。领导者和利益相关方还应该尽早获得开发工作的访问权限，如下所述。

1. 构建的早期可见性

开发工作的早期可见性是成功的关键。如果一个开发阶段需要 8 周时间，确保数据质量团队至少每两周可以看到开发者的工作进展是很重要的。这是为了确保开发者能正确解读规则设计,且在测试之前及时发现并更正。

如果你使用第三方资源,重要的是在合同中加入这些检查点。有些供应商只允许你在构建周期结束时验收。这可能会导致项目延迟和成本增加。

2. 代表性数据

在数据质量方案的构建阶段,一个常见的问题是用于开发工作的数据并不代表真实数据。通常,开发者在这个阶段需要连接到一套开发系统,同时还存在一套测试系统和一套生产系统。通常,开发系统的服务器资源较少,所以其数据量有限,通常只有生产系统中可用数据的 5%。

这通常意味着,开发者可能无法找到期望规则的合格或不合格数据。例如我们的产品重量规则可能根本找不到重量在 0.1~0.2kg 的任何产品。这使得开发者很难测试他们的代码是否正确。

一个好的做法是,在项目的早期阶段,在开发环境中提供一份完整的生产数据副本。此时,必须适当考虑数据的敏感性。一些数据可能需要脱敏处理,以确保不会泄露个人信息。

一旦完成开发阶段工作,就该测试这些数据质量规则是否按预期返回合格和不合格记录。

6.3.3 测试数据质量规则

本书并不打算成为 IT 测试的最佳实践手册。因此,本节不打算成为建立成功测试周期的详尽指南。但是,接下来将介绍与数据质量规则测试相关的一些最佳实践。

首先,数据质量工作的整体测试流程通常与其他类型的系统测试流程有所不同。我建议采用两阶段的测试过程:

1)测试单条规则。

2)测试整体规则,将在第 7 章的数据质量报告一节介绍。

通常,由专门负责数据质量方案的人员完成单条规则的测试。这个过程可能被称为集成测试阶段或产品测试阶段。这一阶段的目的是在后续用户验收测试(UAT)测试之前,检查数据质量规则是否按预期工作。

第二阶段的测试更像是在上线后,终端用户在现实世界中应用规则的方式。因此,最好将其视为 UAT，并邀请实际使用产品的终端用户参与，例如数据管理员。必须对这些终端用户进行适当培训，讲述如何使用数据质量工具和相关报告，这样他们可以专注于测试工作。如果他们不熟悉这些工具，可能会遗漏该方案需要他们识别的缺陷。他们的测试执行也可能比计划要求的慢得多。

最困难的阶段是单个规则的测试。对于这项工作，以下最佳实践可能提供帮助。

1. 设置数据表

当测试数据质量规则时，评估一条规则是否已识别所有合格和不合格数据可能非常困难。测试人员可以很容易地看到单条数据是否合格，但很难评判总数是否正确。

如果看到以下关于产品重量示例的表格，可以发现这些数据记录已经通过规则做了适当处理，见表 6.11。

表 6.11　测试期间的规则结果示例

记录的重量	规 则 结 果
0.12 kg	合格
0.19 kg	合格
0.08 kg	不合格
0.21 kg	不合格

但是，如果看到表 6.12 所示信息，验证起来就会困难得多。

表 6.12　测试中的规则级别结果示例

评估记录总数	合格记录数	不合格记录数
5000	1529	3471

验证汇总信息是测试的关键部分，因为高级领导人主要审查这个级别的数据。数据表的使用可以帮助实现这一点，使测试活动更为高效。

这里所说的数据表是指由业务分析师从测试的系统中提取数据，提前准备的 Microsoft Excel 电子表格。

在产品示例中，业务分析师会登录 SAP 并访问 MARA 表。他们会筛选表中材料组是 A101 和 A102 的记录。然后会筛选列表中重量在 0.1 kg~0.2 kg 内的记录，以及超出此范围的记录。他们会将这个 Excel 电子表格保存在测试人员有权访问的位置。

然后测试人员可以将数据质量工具的总结果与业务分析师准备的数据质量结果进行比较。在规则开发阶段，业务分析师可以完成这些测试准备工作。

尽管这可能让人感觉工作量很大（实际上我们在 Excel，以及在数据质量工具中都构建了相同的规则），但根据我的经验，这是一个非常快速有效的测试方法。

使用这种方法的一个关键前提是，在准备测试数据表和测试活动之间的这段时间，测试系统中的数据必须保持不变。

即使有了这个最佳实践，测试人员也很难检测到规则中的问题，因此另一个有帮助的建议是加入多级别的审查。

2. 多级审查

在所有测试活动中，测试人员的职责是寻找开发工作中可能导致产品上线后影响用户使用的问题。我的经验是，测试人员在规则测试阶段经常遗漏某些程序缺陷。通常的原因有如下几点：

- 测试人员可能不了解数据的完整业务背景。例如一家公司可能有 10 万种产品，规则的范围是检查所有产品。检测结果显示已检查了 8 万种产品，而测试员没有意识到这比预期的数量要少。
- 测试工作事无巨细且单调。测试人员最终会发现他们的注意力开始减退，从而漏掉了很多缺陷。

在我与之合作的一个受到严格监管的组织中，每一步测试都必须进行截图，并上传到测试管理系统。每次测试都必须经过一名审查人员审查。在这种情况下，作为专家，我对该组织非常了解，并且知道每种不同类型数据的大概数据量。

在测试工作中，测试员在 200 条规则中发现了大约 20 个缺陷。凭借我的领域知识和对截图的检查，能够发现另外 40 个缺陷。在监管较少的组织中，如果不进行类似审查，产品通常会带着 40 个未被发现的缺陷上线。

在数据质量工具中尽可能避免缺陷是至关重要的。一旦这个工具以构建错误的数据质量规则而闻名，就很难让利益相关方认真对待它产生的结果。它不像 ERP 系统，生产或销售必须依靠它们运行。如果利益相关方觉得数据质量工具没用，他们就会忽略它。

因此，值得推荐的最佳关键实践是，找到经验丰富的领域专家，并请他们审查所有规则测试工作。他们会发现遗漏的缺陷，然后可以在上线前解决这些问题，以提高你工作的美誉度。

　　在本节中，我们从头到尾概述了实施数据质量规则的过程。与其他软件实施流程有很多相似之处，但也有很多数据质量工作独有的环节。我特别强调了代表性数据的需求，以及仔细审查测试结果以确保不遗漏任何缺陷。另外，如果数据质量工具中存在大量缺陷，你迄今为止所做的艰苦工作很快就会付诸东流。

6.4　本章小结

　　本章讨论了如何定义有效的数据质量规则，需要严格定义范围，以避免出现假阳性。还概述了数据质量规则的所有关键特征，解释了为记录有效的数据质量规则设计，需要捕获哪些信息。

　　我们现在理解了设计、开发和测试数据质量规则所需的过程，以及如何利用优秀的领导力，在我们工作的技术阶段真正地发挥作用。

　　现在我们了解了创建数据质量规则的端到端流程，是时候继续讨论如何将这些规则产生的结果呈现给利益相关方了。

第 7 章

根据规则监控数据

对数据质量规则进行收集和优先级排序后，监控质量规则便开始凸显其价值。

监控是指将规则的运行结果，整合成检测报告或者可视化仪表板，为组织下一步的行动和计划提供辅助决策。

在此之前，可能只看到数据质量规则针对测试数据的运行情况。这次可以根据已建立的规则判断数据真实情况，你将第一次看到真正的差距。

这个过程可能会引发矛盾。作为数据质量专业人员，你希望通过数据质量规则识别数据中的差距。如果投入了巨大的工作，却发现问题很少或只是一些无关紧要的问题，那么就需要好好做些解释了（在我的经验中，这种情况从未发生过）。通常，在投入大量精力后，看到的数据问题是非常令人担忧的。重要的是：只有清晰、明确地了解造成数据质量问题的根本原因，才有可能开始改进数据质量。这是我们通过辛勤工作所取得的成果。现在是时候以最佳方式向利益相关方展示这幅蓝图了，也是时候（如第 8 章所述）开始规划数据质量改进和补救工作。

本章将涵盖以下主题：

- 数据质量报告介绍。
- 设计高阶数据质量仪表板。
- 设计数据质量报告明细（质量规则结果报告）。
- 设计不合格数据报表。

- 管理沉寂和重复数据。
- 统计数据质量评分趋势。

7.1　数据质量报告介绍

数据质量应提供不同层次的完整报告——从高层次的概要报告，到不符合规则数据的具体检测明细。这些不同层级的报告针对不同级别的利益相关方。

这样能够使报告覆盖不同层级的用户需求。例如不符合质检规则的记录清单对被要求进行修正数据的运营人员来说很有帮助，但对于首席数据官来说就不太适用了。高级利益相关方需要一定程度的汇总，这样他们才能看到所负责领域的数据全貌。

本节将概述所需的报告类型、报告对象，以及报告的形式。

7.1.1　不同层级的数据质量报告

根据我的经验，数据质量方案需要三个主要层级报告。表 7.1 列出了这三个层级。

表 7.1　报告的类型、使用者和使用目的

报 告 类 型	主要用户群体	使 用 目 的
高层级的数据质量仪表板	高层级利益相关方——例如数据所有者	观察其业务领域的数据质量进展，适当地分配资源帮助领导者确保重要业务领域的数据质量是最高的
数据质量报告明细（又称为规则结果报告）	数据管理员	在单一视图中查看规则列表，标注评分最低的部分，并优先修复得分较低的数据
不符合规则数据报告	数据生产者	制定一个修复错误数据记录的行动清单

尽管这些报告针对的是不同用户，但人们往往会阅览所有层级，如图 7.1 所示。

数据所有者可能从"数据质量仪表板"开始查看其业务部门的绩效，但他们肯定会深入"质量规则结果报告"中查看下一级细节。例如仪表板可能会告诉采购数据的所有者，供应商主数据的总体得分从上个月的 72% 上升到 75%。它可能会告诉数据所有者，改进来自于数据的完整性。数据所有者可能想知道哪些规则得到了改进。通过规则结果，他们可以

看到构成供应商数据完整性的所有规则，并能看到从上个月到本月的趋势。

图 7.1　数据质量报告层次结构

然后，他们可能会联系数据质量提升团队并向其表示祝贺，或者他们可能觉得进步还不够快，并考虑为质量团队提供额外的支持来提高进展速度。

数据所有者不太可能深入到不符合规则的单个记录。他们的职责很广泛，数据所有权只是一个相对较小的组成部分。他们通常没有时间去了解这一级别的细节。数据管理员和数据生产者会花更多时间进行这类工作。

同样，数据管理员会将大多数时间用于研究规则结果报告，但他们也会查看高级仪表板，以便了解数据所有者看到的内容。还需深入研究不合格数据报告，以了解数据生产者修复数据所需的时间。

不合格数据报告通常有多个实例。我稍后会更详细地解释这个问题，但现在最重要的是，不合格数据报告必须提供适当的上下文。如果你需要收集缺失的供应商电子邮件地址，则不合格数据报告需要提供替代的详细联系信息，如电话号码，以便相关人员可以联系供应商获得缺失信息。具体哪条规则失败了，需要提供不同的上下文情境信息。

最后，图 7.1 展示了沉寂数据报告和重复数据报告。它们与层次结构的其他部分是分开的，它们的结果用于筛选层次结构中的报告。沉寂数据报告用于标识组织最近未使用的数据，可以从其他报告中过滤掉这些数据，以避免在非活动记录上花费时间。如前几章所述，如果不合格数据包括不相关的记录，数据管理员和生产者可能会对该报告失去兴趣。7.5 节　管理沉寂和重复数据一节中更深入地介绍这些报告。

这套报告应能提供各利益相关方所需的一切，并确保只关注最重要的数据。

如前所述，一些利益相关方需要记录级明细数据。因为它可能会暴露受 GDPR 等法律保护的个人信息，记录级明细数据会带来数据安全方面的考虑。

7.1.2　数据安全考虑

与所有**商业智能**（BI）解决方案一样，数据质量报告也必须建立一个合适的安全模型。

正如你在本章后续部分将看到的，数据质量报告会深入到不合格记录的每个字段细节。如果这些是敏感数据，必须对其进行保护。在一个组织中，数据质量团队负责评估人力资源数据，并获得了提取员工记录的特殊权限。虽然不合格数据报告不包括这一字段，但发现所使用的基础数据集包含工资信息。后来数据中的这一元素被删除了，因为它与任何数据质量规则无关，但这是一个很好的例子，说明了安全问题可能会影响数据质量方案。

重要的是，要对集成到数据质量工具中的所有数据进行审查，并适当识别敏感字段。审查人员包括各领域专家（例如员工记录的人力资源专业人员）、GDPR 专家（如果受 GDPR 限制）和 IT 安全专业人员。审查内容包括**个人身份信息**（PII）、受保护特征（如性别、种族和宗教信仰）和机密信息（如出生日期、薪资等）。一旦发现了敏感字段，就可以通过安全模型在数据质量解决方案中添加适当的保护措施。

除此之外，可能还有必要将某些数据行完全排除在数据质量报告之外。有些企业会有 VIP 客户，其客户账户详细信息（包括地址和联系方式）只能让极少数可信赖的操作人员看到。这可以扩展应用到企业的 VIP 员工（例如 C 级高管）。

通常情况下，会创建一个安全模型，用以确保合适的人看到合适的数据质量报告。这可以按功能、地点或两者的组合进行隔离。例如德国的产品数据管理员只能看到德国供应链相关规则的记录。

我的建议是，在安全方面尽量开放报告，只隐藏真正敏感的数据，如前面提到的人力资源数据。让数据相对开放的价值在于促进良性竞争。如果德国的数据管理员发现自己的数据质量得分低于所在地区另一个国家的同事，他们可能会想改变这种状况。这种竞争可以促进数据的快速改进。在我工作过的一家企业中，西班牙和葡萄牙的竞争尤为激烈。最初，他们在数据质量排行榜垫底，通过相互竞争，两个国家都成了组织中的领先国家。

一旦就数据质量报告的安全模式达成协议，就可以开始设计仪表板和报告。

7.2 设计高级数据质量仪表板

每个数据质量方案均不相同，不同组织的高级利益相关方也会有不同的需求。为本书开发的示例综合了不同组织的成功实践。本节中的图表可作为讨论的起点，但让利益相关方参与数据质量方案设计过程至关重要。

本节介绍了各种数据质量仪表板和报告的典型设计。你可以将自身组织的差异应用到这一典型方法中，使其适用于你的组织。

维度和筛选

面向高级利益相关方的高级数据质量仪表板通常就是简单的数据可视化，旨在显示以下维度的数据质量概要状况：

- 每个流程领域。
- 每个数据对象。
- 每个业务部门。
- 每个地区。

呈送给最高级别领导的报告，其内容通常比较简单，他们只有有限的时间来阅读和理解报告的内容。报告需明确显示与业务**关键绩效指标**（KPI）的联系。例如供应商按时付款关键绩效指标要与供应商数据相关的所有规则挂钩。

这些都是用于切分数据质量结果的典型维度，但也可以很容易地加入其他维度。如果企业高度以产品为中心，那么将产品作为一个维度可能比业务部门更有意义。如果一家企业在同一业务部门同时生产食品和清洁产品（但这两种活动分开运营），则可能需要引入产品（或产品类型）维度。再如，一家企业有不同的实体工厂，其中一家工厂的数据质量可能与另一家工厂的数据质量大相径庭。这些工厂也可能由不同的领导负责。

数据也总是随着时间的推移而变化。对趋势的追溯时间没有限制，但在数据质量领域，通常 18 个月就足够了。考虑到不合格数据的数量通常相当大，而且存储数据确实会导致成本增加，因此最好明确规定数据质量历史记录的保留时间。

还可以通过多种方式筛选数据。每个组织的情况各不相同，表 7.2 是数据所有者可能要求的典型过滤器列表。

表 7.2　高级数据质量的典型过滤器汇总

过　滤　器	相　关　性
负责人	有些组织会在规则层面定义所有者。这可以用来查看哪些团队成员获得了最积极的数据质量结果 注：并不一定非要这样做，因为分析可能过于简单，而且可能导致负面文化（指责文化）
子流程区域	数据所有者通常希望将其领域细分为子流程（例如采购到付款流程中的供应商主数据创建、采购订单创建和发票管理）。数据所有者通常希望看到这种视图
国家级成果	标准报表可能会提供区域细分，但数据所有者往往希望看到国家层面的数据，或在表格中对比两个或多个国家的数据
源系统	如果利益相关方（例如 SAP ERP 系统所有者）对某个系统负有特定责任，那么他们可能希望获得以系统为中心的数据视图
特定数据对象的属性 （例如材料类型或供应商类型）	有些利益相关方更关注不同类型的数据对象。例如 SAP 中的产品（材料）可以是机器的备件，也可以是生产中使用的关键部件。其中一种数据质量可能比另一种更重要 第二个示例可能是供应商类型。供应商可能包括内部公司和员工（支付费用）。与外部供应商相比，内部供应商的数据质量结果可能更重要，也可能不那么重要
日期范围	为了比较不同时期的数据质量，报告通常会包含一个日期过滤器。例如利益相关方可能希望看到 3 个月内和 3 年内的改进情况
数据质量维度	用户通常会筛选与特定数据质量维度相关的规则，例如显示所有与数据完整性相关的规则，而不是与数据有效性相关的规则

上述任何一个过滤器都可以添加到标准展示维度中（例如过程区域或数据对象）。

我创建过一个汇总仪表板，类似于数据质量方案中那些成功的仪表板。图 7.2 是用 Microsoft Power BI 构建的，也可以很容易地用其他数据可视化工具生成。

图 7.2 中的报告示例包含了一些关键元素，这些元素在我合作过的所有组织中都很有用，尤其是以下元素：

- 汇总矩阵，显示每个数据对象的平均数据质量得分，并按区域分列。这包括突出显示矩阵中最高的分数，使它最为可见；还包括显示分数是否比前一个月有所提高的图标。

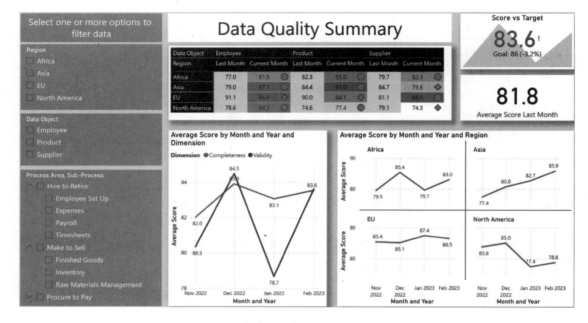

图 7.2　一个典型的高级数据质量总结报告

- 当前得分（显示 83.6）与总体目标（包括趋势）的高级汇总。
- 显示每个数据质量维度的数据质量得分随时间变化的线性图（显示完整性和有效性）。
- 显示每个地区的数据质量分数随时间变化的 4 张线性图。

　　这些视觉效果都可以通过图 7.2 左侧的切片器进行筛选。例如在第一个切片器中选择一个区域值有以下效果（见图 7.3）。

　　过滤器已经影响了图 7.3 中突出显示的报告元素。分数与目标的对比提供了欧盟针对当前分数和商定目标的具体视图。底部的图表显示了欧盟在有效性和完整性维度的表现。

　　请注意，使用过滤器并不会影响可视化效果。汇总矩阵和区域得分不受影响。这仅仅是因为按区域过滤这些视图没有任何价值，因为它们已经按区域进行了分解。如果应用了子流程过滤器，那么这些可视化效果就会响应。

1. 分析结果

　　总体而言，在这个目标上欧盟属于领先地位，但也有一些警示信号。整体得分较前一个月有所下降，雇员和产品数据均大幅下降。

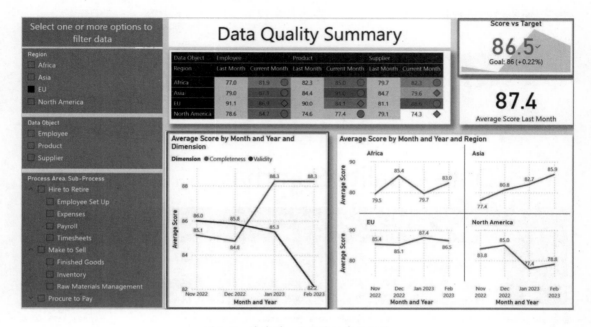

图 7.3　筛选到一个区域的高层汇总

在过去的几个月里，整体完整性指标已经达到了一个相当高的水平，但是有效性指标开始下降。人们很快就明白了某些领域不应该被留空，以此来衡量时，完整性会迅速提高。然而，人们需要更长时间去改变自己的行为和寻找高质量的数据。这在组织推动解决数据质量问题的初期很常见。在系统中添加的数据量和数据质量之间总是存在一个平衡点。重要的是在这些维度中找到数据质量规则的平衡点。如果提高数据的完整性是以有效性为代价的，那么相关沟通可以开始关注于调整这种平衡。

这说明了数据质量仪表板可以支持的分析类型（以及由此产生的讨论）。高层领导可以使用这个仪表板来确定向数据所有者和数据管理员提出的问题，从而在数据质量方面采取积极行动。

一旦完成初步分析，部分报告用户会希望看到更多的细节。报表包含的下钻能力可以支持这一功能。

2. 下钻能力

报表最重要的特性之一就是钻取到下一个细节层次的能力——规则汇总报告。

汇总表中的所有数字都可以通过下钻功能链接到质量规则结果报告，如图 7.4 所示。下钻需要保留对所选数据点应用的过滤器，在这种情况下，包括以下内容：

- 供应商数据对象。
- 非洲地区。
- 本月。

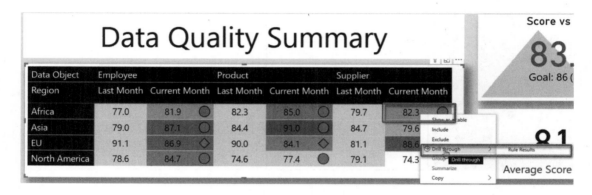

图 7.4　下钻到质量规则结果报告

整套数据质量报告的设计允许所有用户从概述级别开始，深入到更详细的视图。在这种情况下，我们从所有规则的总体评分和趋势水平开始，一直深入到每个规则的视图。下一个视图旨在使用户了解规则的遵守情况，其目标是针对最需要改进的领域进行定位。

在下节的图中，你会看到这些过滤器被应用到质量规则结果报告中。

7.3　设计质量规则结果报告

质量规则结果报告可以帮助组织从高度聚合的整体层面下钻到具体的数据质量问题列表。通过报告可以给出结论。比如某国家存在大量的供应商付款积压，同时该国家的银行相关数据质量得分较低，那么问题就很明显了，我们也可以据此来落实解决问题的行动。

与数据质量总结一样，有必要将质量规则结果报告的样例模板提供给数据管理员，并征求他们的意见。组织可能有着不同的需求，为了确保规则有效以及大家积极参与，必须将这些需求全部考虑在内。

本节展示了不同行业、不同组织中通用的质量规则结果报告应具备哪些特征。

质量规则报告的典型特征

质量规则报告的总体目标是能够快速地定位规则级别的数据质量问题，并制定应对措施。本节列举了为达成这一目标，报告应具备的特征。

1. 报告中的信息

报告应该展示每条规则的结果，并以表格形式提供以下信息：

- 规则名称。
- 区域和维度。
- 合格、不合格记录数以及评估的记录总数。
- 得分（本月及上月）。
- 趋势（本月与上月相比是改善了还是更糟了）。

这些都是第 6 章数据质量规则的主要特征一节中所涵盖的内容，能够快速识别数据管理员和数据所有者最关心的数据质量规则的基本信息。

2. 颜色编码

可以在当月的得分上应用颜色编码，以表示当月得分是低于还是高于数据质量的阈值。

对每个数据质量规则单独设置阈值，以体现出不同规则的数据质量要求。每个规则都有最低阈值和最高阈值。如果当前得分低于最低阈值，我们就认为现在的数据质量水平非常低；如果得分在最低阈值和最高阈值之间，我们认为现在的数据质量水平中等；如果得分高于最高阈值，我们认为现在的数据质量水平很高。在这些情况下，虽然还可以继续提升，但优先级可能不高。

我们在报告中用颜色（红黄绿）来体现这些阈值，也可以通过其他方式来呈现。实际上，由于一些潜在的可读性问题，用红黄绿来表示并不总是最佳选择。比如红绿色盲人士难以辨别这些颜色。

需要与最终用户进行明确的沟通。当看到一条规则的得分比另一条规则得分低，但是显示的颜色却相比另一条规则表示得更加正面时，用户可能觉得有点违反直觉。例如一条规则的最高阈值为99，得分为98，这意味着我们需要用黄色来编码；另一条规则最高阈值只有88，得分为90，我们将其编码为绿色。这其实没有问题，但是用户需要经过培训才能理解这一点。

当颜色编码使用得当，甚至色觉有问题的人也能使用时，就可以确确实实地帮助最终用户快速识别出他们所关注的规则。同样可以确保利益相关方在重要事情的定义上保持一致。

3. 进一步可视化

报告还提供了两个进一步的可视化效果：

- 随着时间变化，得分与数据质量阈值的对比。
- 按国家展示的不合格记录数（本月及上月）。

可视化呈现随时间变化的得分，旨在提供所选规则性能的长期视图。可视化呈现不合格的记录，旨在让数据管理员关注正确的区域。

例如负责非洲供应商数据的数据管理员，想要了解非洲哪些国家的不合格记录数最多，并要确认他们是否有足够的资源来解决这些问题。规则结果报告样例如图7.5所示。

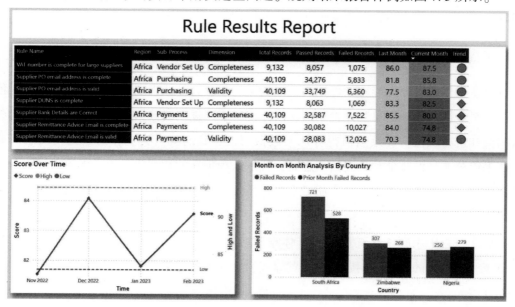

图 7.5　规则结果报告样例

4. 报告的交互性

质量规则结果报告应具有可交互性，当选中表中一个特定的规则时，其他的相关图表能同步更新（见图 7.6）。

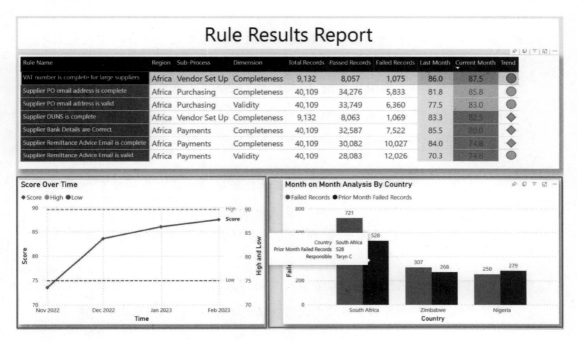

图 7.6　规则结果报告的交互性

现在我们来分析一下这份报告。

在这个例子中，南非（South Africa）和津巴布韦（Zimbabwe）在减少不合格记录方面取得了一些进展，但尼日利亚（Nigeria）的不合格记录数量却略有增加。如果我们只是查看非洲地区随时间变化的趋势，你可能认为没有必要进行干预。因为 2022 年 11 月以来，整个非洲地区的质量得分在稳步提升。

而实际上，尼日利亚的变化趋势并不乐观，需要采取一些干预措施。仅仅通过一个单独的表格或趋势图并不能发现这一点，综合分析可以发现这些有价值的信息。在图表中也可以看到规则负责人的姓名。

上面内容介绍了如何分析报告中的特定实例。一般来说，该报告的用户应该试着去做下列事情：

- 通过不同的维度以及过滤器来寻找报告中的异常值。在上个例子中，我们在非洲整体趋势向好的情况下，识别出尼日利亚在一个规则上的趋势是变坏的。如果我们将尼日利亚这个国家从整个质量规则结果报告中筛选出来，就会立即发现增值税号码规则是负向趋势，而其他规则都是正向趋势。

- 把那些能提供洞察力的维度和筛选器的组合保存下来，这样我们就能在下次使用报告的时候立刻打开。本章所展示的报告中的图表是使用微软 Power BI 生成的。在 Power BI 中，这项功能被称为书签。用户可以使用书签来打开一个特定的筛选视图。不同的维度与筛选组合很多，浏览它们需要时间。对最重要的组合使用书签可以节省时间并快速提供给我们想要的信息。

- 寻找当前高于最高阈值，且趋势走向恶化的规则，并在其质量恶化到不可救药之前主动确定补救措施。报告使用颜色来吸引人们对表现最糟糕条目的注意。目前表现良好但是趋势不太正向的条目也是值得注意的。

- 下钻到不合格数据报表，可以查看规则的详细定义。详细定义提供了规则设计中的所有细微差别，这对于查找和理解不太明确的规则是很有必要的。

正如数据质量总结报告一样，质量规则结果报告允许用户下钻到下一个详细级别——不合格数据报表。

质量规则报告是所有报告中使用最广泛的。通过使用该报告，高级利益相关方和执行层就可以在组织的数据状态上使用通用语言进行交流。

7.4　设计不合格数据报表

不合格数据报表是数据质量报告的最详细级别。它应该是一个完全可操作的需更正的数据记录列表。该报告在不同的组织之间不会有太大差异，它只是一个简单的记录级的详细清单。

下面的这几个小节提供了关于不合格数据报表的一些细节，包括特征、要素及其价值。

7.4.1　不合格数据报表的典型特征

不合格数据报表应该提供足够的细节，以便进行以下各种操作：

- 快速简洁地定位异常记录。
- 清晰地展示出每一条记录的问题。
- 提供给用户能够修正问题的尽可能多的帮助。

如前所述，该报表通常是由规则结果报告下钻而来。用户选择规则结果报告的一行规则，点击异常记录数，来查看不合格数据报表。但并非必须通过此方式来访问报表，用户也可以通过收藏的视图，直接打开不合格数据报表。例如用户可能已经保存了对国家（他们所关注的数据对象）的筛选以及特定的质量规则。

如果用户选择下钻（例如从图 7.5 的“供应商邓白氏码是否完整”这一规则的不合格数据下钻），他们将看到如图 7.7 所示的报表。

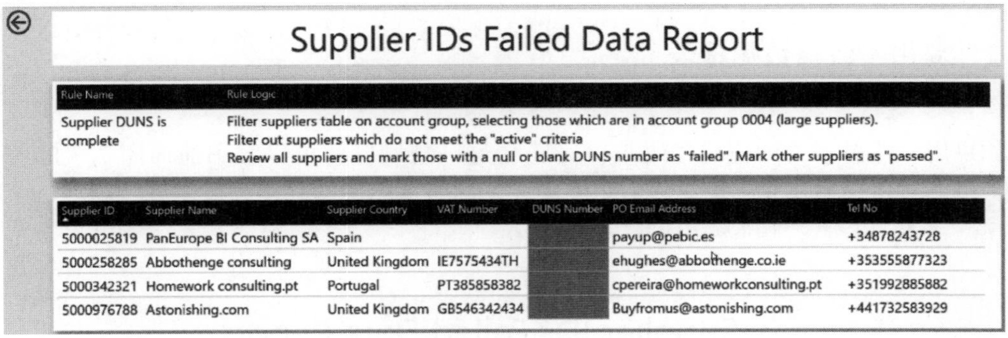

Supplier IDs Failed Data Report

Rule Name	Rule Logic
Supplier DUNS is complete	Filter suppliers table on account group, selecting those which are in account group 0004 (large suppliers). Filter out suppliers which do not meet the "active" criteria Review all suppliers and mark those with a null or blank DUNS number as "failed". Mark other suppliers as "passed".

Supplier ID	Supplier Name	Supplier Country	VAT Number	DUNS Number	PO Email Address	Tel No
5000025819	PanEurope BI Consulting SA	Spain			payup@pebic.es	+34878243728
5000258285	Abbothenge consulting	United Kingdom	IE7575434TH		ehughes@abbothenge.co.ie	+353555877323
5000342321	Homework consulting.pt	Portugal	PT385858382		cpereira@homeworkconsulting.pt	+351992885882
5000976788	Astonishing.com	United Kingdom	GB546342434		Buyfromus@astonishing.com	+441732583929

图 7.7　邓白氏码规则不合格数据报表

该报表包含表 7.3 所示内容。

表 7.3　不合格数据报表的元素

报表元素	目　的
不合格数据报表所对应特定规则的详细信息，包括质量规则结果报告中没有的详细规则逻辑	为了让数据管理员能够通过报表全面理解数据不符合规则的原因。如果规则不完善，他们能够识别并提醒负责数据质量报告的团队

（续）

报表元素	目 的
供应商 ID、供应商名称、供应商所在国家	为了能够轻松定位到不合格的记录
与该记录相关的 ID（增值税号码和邓白氏码）	不管是增值税号规则还是邓白氏码规则，它们都用同一份不合格数据报表，因为这两个规则所需要的表中的附加信息是相同的。在邓白氏码的案例中，我们通常可以通过增值税码在邓白氏公司查询到邓白氏码。邓白氏公司拥有一个非常庞大的全世界公司的记录，包括它们的详细信息、地址、面临的风险（例如自然灾害、战争等）以及与其他公司的关系。邓白氏公司使用邓白氏码来唯一标识这些公司，并且也能用增值税号等其他详细信息在其记录中匹配查找对应的公司
详细联系信息（邮箱/电话）	因为可能需要联系供应商来获取正确数据，有了详细信息避免在联系供应商前再次查询原始记录系统

这组信息便于执行层用户快速处理每个不合格记录，并根据要求更正数据。应该尽可能减少从该报告到记录系统的障碍。

7.4.2 复用不合格数据报表

如果用户选择了“增值税号码是否完整”这一规则，就可以复用前面图 7.7 的不合格数据报表的格式。图 7.8 中展示的报表与图 7.7 中报表的字段结构及格式是一样的。

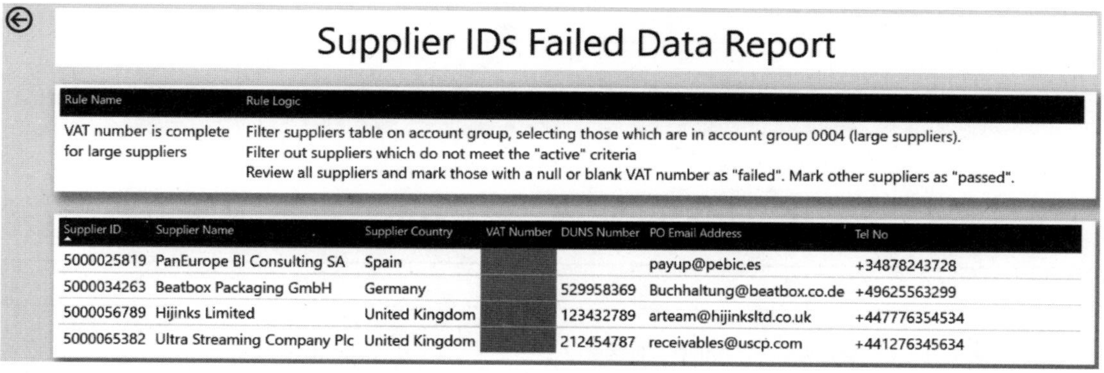

Supplier IDs Failed Data Report

Rule Name	Rule Logic
VAT number is complete for large suppliers	Filter suppliers table on account group, selecting those which are in account group 0004 (large suppliers). Filter out suppliers which do not meet the "active" criteria Review all suppliers and mark those with a null or blank VAT number as "failed". Mark other suppliers as "passed".

Supplier ID	Supplier Name	Supplier Country	VAT Number	DUNS Number	PO Email Address	Tel No
5000025819	PanEurope BI Consulting SA	Spain			payup@pebic.es	+34878243728
5000034263	Beatbox Packaging GmbH	Germany		529958369	Buchhaltung@beatbox.co.de	+49625563299
5000056789	Hijinks Limited	United Kingdom		123432789	arteam@hijinksltd.co.uk	+447776354534
5000065382	Ultra Streaming Company Plc	United Kingdom		212454787	receivables@uscp.com	+441276345634

图 7.8 增值税号规则不合格数据报表

重要的一点是，确保用于突出显示报告中不合格数据的条件是动态调整的。在图 7.7 和图 7.8 中，只在规则所检查列的单元格上高亮（图 7.7 的 DUNS Number 和图 7.8 的 VAT Number）。

为了在构建报告时尽可能的精简，最好复用这些报表。如果每个规则都有特定的不合格数据报表，那将会有太多的报表需要构建和维护。话虽如此，不合格数据报表对于相应的规则也要相对具体。如果不合格数据报表太通用了，使用起来也很麻烦。从这个角度讲，拥有多个不合格数据报表也非常重要。

7.4.3　多个不合格数据报表

如果选择了供应商记录的其他规则，不合格数据报表会具有不同的列。这一点很重要，因为如果只有一个模式供应商的不合格数据报表，它必须包含大量的列，以涵盖所有供应商属性对应的规则。

由于包含了大量的数据，该报告就会变得令人困惑且执行效率很慢。一个不合格数据报表包含很多用户不需要的列信息，出现数据安全问题的概率也会增加。

当不同的规则触发了不合格数据视图时，只需要向数据生产者提供最相关的信息，这样报表就会快速加载。

如果我们从质量规则结果报告中选择了"供应商银行账户信息正确"这一规则，不合格数据报表如图 7.9 所示。

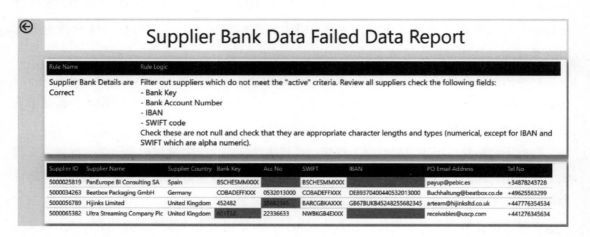

图 7.9　绑定了规则详细信息的不合格数据报表

正如邓白氏码和增值税号一样，该报表包含了规则逻辑的详细描述，用来识别记录的足够多的数据，包含潜在问题的列以及供应商的详细联系方式。

注意，这个案例中，该报表会同时高亮包含数据的单元格，以及不包含数据的单元格。因为这个规则检查的是数据的有效性以及完整性。比如高亮包含无效值的账户号码（**Acc No**）。

至关重要的是，要识别每条规则纠正数据所需的信息，并确保有一份不合格数据报表提供这一信息。通常，不同规则对其不合格数据报告都有相似的列要求，总的来说，不合格数据报表数量会比规则数量要少得多。

通常，不合格数据报表的使用方式与规则结果报告和数据质量仪表板不同。每条不合格数据需要逐一处理，并且可能会用到报表之外的工具来追踪处理过程。因此，需要将不合格数据报表的数据导出到其他工具中，比如 Excel。

7.4.4　导出不合格数据报表

一般来说，整套的数据质量报告被设计为具有高度交互性，导出数据并不是最佳做法。但不合格数据报表是个例外。通常确实需要导出它们，且将其设计为易于导出。

导出需求来源于该报告的使用方式，它们会作为数据生产者收集和更正数据的待办列表。很可能需要对每条数据标记一种"状态"，显然，Excel 可以帮助实现这一点。

在一些组织中，数据可能需要导出为一种能够重新上传到记录系统的格式。

例如 SAP ERP 系统包含一个叫作"遗留系统迁移工作台"（Legacy System Migration Workbench）的工具。该工具允许将基于电子表格的数据加载到现有的 SAP 记录中。如果以正确的表头及数据格式完成导出，电子表格中的数据被更正后，就可以直接回传到 SAP ERP 系统中，从而节省大量精力。

许多用户喜欢将报告导出到他们熟悉的工具中使用，最常见的格式就是 Excel 和 Adobe Reader。向用户演示数据质量报告的交互能力，并尝试将导出能力限制在不合格数据报表上，这一点非常重要。

运行不合格数据报表有时会令人气馁。该报表可能包含很多数据记录，每一行都需要花精力去更正。因此只需要关注那些对组织真正有影响的不合格数据。需要做的部分工作是排除一些未来不再需要的记录，比如沉寂的和重复的记录。

在导出不合格数据报表之前，强烈建议执行人员使用报表的筛选功能来减少导出数据的行数。例如执行人员可以基于他们所负责的地域、业务部门和数据类型进行筛选，这样只导出他们需要去更正的记录就可以了。这会减少报表的文件大小，同时让执行人员集中精力。

7.5 管理沉寂和重复数据

目前为止，本章未提及的数据质量的一个关键点是管理沉寂和重复记录。从数据治理的角度来看，治理数据的标杆组织有一个明确的策略来识别和删除不再活跃于组织事务中的或潜在重复的记录。

然而实际上，这些组织只代表少数头部企业。大多数组织不擅长这一点，或者只擅长于它们认为风险最大的领域。例如受严格监管行业的企业可能会根据法规尽快存档生产记录，以避免将来检查发现监管期之前产生的缺陷。

管理重复和沉寂数据是数据质量管理的关键部分。接下来解释如何正确管理这些数据，以减少补救的工作量，并避免关注那些旧的、不再继续使用的数据。

7.5.1 管理沉寂数据

在具有大量沉寂数据的组织中报告数据质量时，存在浪费时间来提高那些沉寂数据质量的风险。

如果记录处于沉寂状态（例如已切换到竞争对手的客户），则改进这些数据通常没有意义。也有例外，例如现在将以前的客户视为潜在客户，而你希望重新获得他们的业务。

为了生成真正有价值的数据质量监控解决方案，有必要建立一种方法来识别和过滤沉寂数据。

以下部分介绍了一个方法示例，可应用于你管理的数据。

1. 开发方法

识别沉寂数据的方法必须来自相关过程域中的数据管理员。不同类型的数据和不同的业务都会有不同的方法。

通常，此类方法需要快速迭代。如果开发一种方法，在应用时 80% 的数据都被认为是沉寂数据。这可能太极端了，需要调整。

表 7.4 显示了可能应用于供应商数据对象的方法示例。

表 7.4　识别供应商的活动/沉寂数据的典型方法

因　素	典型参数	备　注
最近一次客户订单	13 个月内 = 活跃	通常设置为 13 个月，以捕捉每年下单的交易，出入不会超过 1 个月
最近一次付款	7 个月内 = 活跃	捕获 7 个月内没有订单的供应商（如公用事业供应商），每年可能支付两次
未结交易记录	是 = 活跃	系统中的未结交易（例如尚未支付的发票）必须妥善管理。即使供应商在其他方面不活跃，未结交易至少也需要审查和解决
最近创建的记录	3 个月内 = 活跃	如果记录是最近才创建的，那么在不久的将来很可能会创建一笔交易，该记录应保持为活跃状态

该方法同样可以应用于产品数据，见表 7.5。

表 7.5　识别产品的活动/沉寂数据的典型方法

因　素	典型参数	评　论
最近一次客户订单	25 个月内 = 活跃	对于产品来说，通常生命周期比供应商更长，尤其是一些主线产品
最近一次发货	25 个月内 = 活跃	同上
最近产品生产	6 个月内 = 活跃	如果产品是最近生产的，则很可能成为未来销售活动的一部分
当前库存	是 = 活跃	如果存在库存，则必须对其进行管理（注销或已售），然后才能将产品视为非活跃产品
最近创建的记录	3 个月内 = 活跃	与供应商的概念相似。同样，对于生产周期很长的产品，时间范围可能需要更长

这些示例说明了系统地识别沉寂数据所需的思考方式。这种思维可以应用于任何类型的数据。

2. 对数据质量报告的影响

一旦建立方法论，必须反映在数据质量报告中。需要连接到源系统并获取相关数据，以便根据既定的方法确定哪些记录处于活跃状态，哪些处于沉寂状态。

对于表 7.4 所示的供应商示例，需要获得以下数据：

- 供应商订单表。
- 供应商付款表。

- 按供应商划分的未结交易清单。
- 带有"创建日期"的供应商主数据列表。

可以使用 ETL（提取、转换、加载）应用程序来获取这些数据，并将其与供应商记录连接。对每个供应商，检查其交易数据，并做活跃或沉寂的标识。

在本章介绍的报表中使用此标识来过滤沉寂数据。通常如果需要，用户可以在报告中加入沉寂数据。在某些组织中，将表 7.4 和 7.5 中显示的参数配置在工具中，用户可以在其中调整并应用这些参数。例如用户可以将最近一次订单的月数从 13 缩短到 11。调整这些参数需要对数据非常了解的业务用户做出判断，他们可以识别出定义沉寂记录的方法，并判断是否正确。明确定义这些参数后，就可以忽略沉寂记录，这有助于缩小质量报告的数据范围。

在处理了沉寂数据报告之后，现在可以考虑管理重复数据。

7.5.2　管理重复数据

与沉寂数据一样，如果系统中存在重复记录，重要的是避免花时间重复修正。

重复记录在组织中非常常见。当创建新记录时，没有识别重复项的流程或这些流程存在缺陷，就会发生这种情况。如果迁移过程中没有投入足够的精力，当数据从多个旧系统迁移到新的单个系统时，也会发生这种情况。

以下部分介绍了识别和管理重复数据的方法。

7.5.3　检测重复数据

与沉寂数据一样，需要制定检测重复数据的方法。这同样需要根据所涉及的数据对象类型制定不同的方法。

例如供应商重复数据通常通过查找以下字段的相同性来检测：

- 邓氏编号。
- 增值税或其他税号。
- 邮政编码。
- 公司注册号。

- 地址。
- 名称。

仅凭名称和地址非常不可靠。例如同一集团中的许多不同公司，地址可能相同，但实际上，诸如 DUNS 编号之类的 ID 字段不同，意味着是不同的公司。

通常，匹配置信度是根据前面列出字段中的匹配数确定的。匹配置信度指两个或多个记录完全相同，或者存在较高程度的相似性。通常，采取自动操作来合并匹配度高的记录，但较低的置信度将通过手动审核过程来完成。

许多组织应用模糊匹配技术，这意味着即使不是每个字符都完全相同，也会识别近似的匹配。匹配策略示例见表 7.6。

表 7.6　用于检查供应商重复的字段及其评分

字　段	评　分
邓式编号	30
增值税或其他税号	25
邮政编码	15
公司注册号	25
地址	10
名称	10

评分为匹配提供了置信度。如果所有内容都匹配，则分数为 100%。如果除名称和地址以外的所有内容都匹配，则分数为 83%（95/115）。这是根据表 7.6 计算得出的，其中可用的总分是 115，如果除名称和地址之外的所有内容都匹配（每个都损失 10 分），则分数为 95。

下一个活动是查看匹配项并确定要保留的记录，以及要标记为沉寂或存档的记录。有时，发现所有重复记录都在使用中（例如具有未结事务）。在这种情况下，除保留一个外，应阻止其他记录进一步交易，并且应尽快终止与不需要的记录相关的未结交易。

在寻求管理或解决其他类型的数据问题之前，最好先处理重复问题。这将减少数据补救活动的工作量。如果无法做到这一点，并且常规补救工作将与删除重复项同时进行，则可以向所有报表添加筛选器，以从规则结果中删除所有重复记录。这使补救工作能够单独进行。

消除重复数据将显著提升第三方对组织的认知。例如客户将获得更好的服务，因为他们将在一个账户上进行所有交易。组织中的客户经理将全面了解客户销售和支出模式，并能够借此提供更好的服务并增加收入。消除重复数据还能更快、更有效地根据规则修复其他问题数据。

现在我们已经消除了不需要的记录，可以考虑如何将报告中的结果呈现给组织中的利益相关方了。

7.6　向利益相关方展示调查结果

在努力制作这些数据质量报告后，要做的是确保它们成功发布，并纳入到日常业务实践中。

7.6.1　成功启动数据质量报告

要想成功发布数据质量报告，最重要的是规则必须准确且经过充分测试。如果报告上线后就被发现包含虚假数据质量问题，则很难让人们继续参与。

通常，通过数据质量方案，可以确定数据管理员和数据生产者，他们参与度很高，可以说是核心团队的一部分。最好先向这些用户发布报告，要求他们1~2周内定期监控输出结果，直到结果比较稳定可信。

当向企业范围更广泛地发布该工具时，通常这些用户可以充当该工具的拥护者。

此外，强烈建议尽可能使访问工具的流程更加方便。与主要业务联系人沟通，并获取一份从访问中受益的所有者的名单。提前创建所有用户账户，并自动将其颁发给用户。如果需要许可证，请在上线之前将其分配给相关人员。数据质量工具成为他们必须定期打开的另一个报告，因此需要让他们感到便捷。通常一旦他们打开报告并查看其区域的结果和不合格记录，报告的价值就开始凸显。数据质量报告通常很容易演示，并触发对数据质量规则和报告的进一步需求。

使报告易于访问的其他方法包括：

- 自动分发报告：确定接收报告的正确利益相关方，并定期向其收件箱自动发送报告。
- 警报：确定区域、功能、规则或整个组织可接受的最低级别的分数。当分数低于此级别时，请通过电子邮件向利益相关方发送警报信息。例如当采购到付款数据质量分数低于85%时，向采购到付款的流程所有者及其领导团队发送电子邮件警报信息。

如果数据质量报告正确，并成为数据所有者和数据管理员日常工作的一部分，那么进行有效和持久补救的机会就会高得多。

具有随时向利益相关方提交报告的能力也很重要。确保各种治理会议（例如管理层会议、董事会会议等）包含对这些报告的审查也非常重要。

7.6.2 将报表纳入治理中

为了使数据质量报告取得长期成功，需要将其纳入"日常业务"活动中。本书后续有一整章专门讨论这一主题（见第9章），但就目前而言，重要的是与高级别利益相关方合作，尽可能将总结性报告纳入到领导层会议议程中，例如：

- 执行委员会：季度常设议程项目，负责在高级别审查数据质量。
- 区域领导小组：季度常设议程项目，审查区域一级所有流程的数据质量。
- 职能领导小组：季度常设议程项目，审查单个流程的数据质量，但适用于所有区域。
- 数据治理会议：数据指导委员会的每月常设议程。

将数据质量目标纳入这些会议中，甚至纳入组织各级员工的绩效中，也是非常有效的。

7.7 本章小结

本章提出了一个数据质量监测报告的范例体系。具体可能需要根据组织自身情况进行调整，但至少能加速设计讨论的过程。

对组织中有权访问的任何人，应允许查看报告的数据质量的整体情况，以及数据质量随时间的变化趋势。允许所有不同级别的人员，如果他们愿意，直接下钻到记录级别。这种方式为组织中的数据质量提供了清晰且可衡量的指南。

当然，数据质量的好坏取决于输入其中的规则。如果数据规则设置恰当，不合格数据报表可以提供可操作的待修正数据列表。

下一章是关于获取修正数据列表并清理数据的内容。通过这些活动将开始获得在第3章商业案例中提到的那些好处。

第3部分

持续提高数据质量

数据质量规则和报告揭示了真实的数据质量状况，接下来的关键步骤是立即采取行动修正数据。本部分将介绍如何成功实现这一目标，确保数据质量的显著提升。

然而，很多组织往往倾向于通过一次性活动消除问题数据。本部分将解释如何确保将最初的补救活动作为组织日常业务活动的一部分加以维护。

读完本书最后一部分后，你将了解整个数据质量流程的始末——从发现问题到持续修正数据，以及应该遵循的最佳实践，和应该规避的常见错误。

这一部分包括以下章节：

- 第8章　数据质量补救
- 第9章　将数据质量纳入组织中
- 第10章　最佳实践和常见错误

第8章

数据质量补救

第 7 章介绍了如何设计数据质量报告，以便快速准确地识别出问题数据。本章将继续介绍如何对数据进行修正。正如在第 1 章中所解释的，质量管理并不意味着应该以完美的数据为目标。其目的应该是使数据达到不再对组织实现其目标造成重大障碍的水平。

质量补救工作通常被视为数据质量方案中最具挑战性的部分。需要大量的资源投入和很长的筹备时间才能取得进展。

尽管存在挑战，这一阶段也是令人兴奋的。这也是在第 3 章中预估的收益兑现、开花结果的关键环节。随着问题数据被正确数据替换，之前遇到的问题的严重性和影响终于开始降低。流程变得更加高效，糟糕的问题数据造成的资源挑战得到缓解，客户、供应商和员工可能会发现他们与组织的交互变得更加丰富。这也是首次准确地衡量已完成工作带来的收益。在本章中，我们将介绍补救活动的各个方面，包括以下内容：

- 整体补救过程。
- 确定补救活动优先级。
- 修正数据的不同方法及其工作量和成本。
- 管理补救活动。
- 跟踪补救措施带来的收益。

8.1　整体补救过程

数据质量补救的整个过程通常是周期性的。不可能一次解决数据质量报告揭示的所有问题，补救工作需要分批进行。

补救过程通常遵循以下步骤，如图 8.1 所示。

图 8.1　端到端补救过程

表 8.1 提供了每个步骤的更详细描述。

表 8.1　补救过程的详细步骤信息

步 骤 名 称	步 骤 内 容
设定优先级	识别最重要的数据质量问题，便于快速定位质量问题
确定方法	补救数据的方法有很多，例如： ● 人工逐条纠正 ● 从第三方收集/上传数据 ● 基于规则的自动纠正 所确定的方法定义了期望的工作量级别
明确成本	一旦确定了方法，就可以定义大致的工作量级别 如果必须联系 500 家供应商来收集某些数据，可以估计每个供应商平均花费的时间
修复数据	既然已经理解了业务优先级和工作量，就能合理地分配资源 例如高优先级、耗时少的项目应优先处理。一旦分配了资源，就启动了纠正数据的任务，必须密切监控整个过程

完成一个补救周期后，就会再次启动下一个质量故障补救过程。

表 8.1 中概述的各个步骤将在本章后续各节详细描述。

8.2 确定补救活动优先级

当首次运行数据质量规则结果报告（或类似报告）时，你可能会有点不知所措。每个规则都会有检测失败的记录，有时失败的记录可能会多达数千条。在大型企业中，250000 条或更多记录未通过规则的情况并不少见。如果一家快速发展的消费品企业有一个奖励卡计划，它很容易拥有数百万客户。英国最大的奖励卡计划组织拥有 1800 万客户。当客户在输入数据时出错，在线注册表单缺少验证环节，就会产生大量的不合格数据。与我们合作的一家组织要求提供客户的出生日期，但没有验证输入的内容，大约 1% 的客户输入了正确的出生日期和月份，但不小心输入了当前年份而不是出生年份。该表单缺少一个简单的验证说明，即"客户必须年满 16 岁才能注册这项服务"。只有 1% 的客户听起来并不多，但如果应用到数百万条记录时，为解决这一问题就会产生大量的工作。

组织中用于补救数据的资源总是有限的，可以肯定的是，不可能同时处理所有问题。因此，确定优先级是确保可用资源产生最大价值的关键。

话虽如此，在有些情况下，重点领域很明显，正式确定优先级并不会浪费太多时间。例如在第 1 章中提到的一个组织，由于获取供应商银行详细信息和联系方式方面的困难，其供应链遇到了严重问题。这些问题的严重程度足以使生产流程面临暂时中断的风险，而这需要付出巨大的代价。像这样的组织会非常专注于纠正导致这些风险的数据质量问题。这通常只是暂时的情况，可以通过第 4 章中介绍的早期补救工作来解决。一旦成功解决了这些棘手的问题，通常需要像其他组织一样进行优先级排序。

很明显，每个致力于提高数据质量的组织最终都必须经历优先级排序，因此我们将在本节中回答的关键问题是，如何选择将资源投入到最需要纠正的数据上。

8.2.1 重新审视收益

第 3 章概述了估算解决数据质量问题的收益的技术。假设你确实花了一些时间估算过这些收益，那么再次关注这个领域是非常有价值的。毕竟，数据质量提升方案的使命就是基于组织对这些领域重要性的认可，以及你对实现这些改进的承诺。

然而，必须确保之前所做的工作在目前仍然是首要优先事项。许多商业案例在收益计算中并未包括所有数据质量规则。他们的计算往往基于以下假设：

- 计算收益所需的信息随手可得。
- 预计计算出的收益将足以证明该方案的合理性。

通常情况下，收益计算也可能受政治动机的影响。例如只包含积极利益相关方的收益，而不包括其他支持度较差的相关方的收益。

此外，还有一点，如果你能掌握实际未通过规则检查的记录数量，可能会明显改变收益结果。如果计算出，组织缺失一个供应商的电子邮件地址的成本为 0.50 美元，而且你预计会缺失 60000 个电子邮件地址，则损失为 30000 美元。如果事实证明，实际上只缺少 10000 个电子邮件地址，那么很明显，损失仅占业务案例中预期的 17%，你本可以将重点放在其他更重要的领域。

通常，随着数据质量方案的推进，利益相关方可以更好地了解该方案，新的规则也会被识别出来。这些规则通常是最有价值的，因为它们源自更有洞察力的利益相关方群体。

8.2.2　确定优先级的方法

我最喜欢采用的方法是召集主要利益相关方，通过合作达成一致意见，从而确定补救措施的优先级。

另一种方法是量化所有规则的商业收益，并在完全客观的财务基础上做出决定。我不赞成这种做法，理由如下：

- 非常耗时——你通常可以利用这段详尽计算收益的时间来解决大量的数据质量问题。
- 没有考虑主观或定性问题。例如忽略 x 值可能导致诸如声誉或员工保留率等问题。

我们更加支持采取协作的方式，如图 8.2 所示。

表 8.2 概述了更详细的步骤。

图 8.2　商定补救优先事项的协作方法

表 8.2　协作方法的步骤详情描述

步 骤 名 称	步 骤 内 容
确定利益相关方	对于每个流程领域（例如采购支付）和数据类型（例如供应商），必须确定一个或多个利益相关方，他们能够准确地识别哪些数据质量问题对其领域的影响最大
投票确定优先级	向每个利益相关方展示相关的数据质量问题，并要求他们按优先级的顺序识别问题（例如前 5 个）
正式确定优先级	一旦确定了每个利益相关方的优先级，整个小组开会审查投票最高的规则，并确定最终优先级

我们将在下面的章节中详细阐述这些步骤。

1. 识别利益相关方和补救的优先级

本书经常提到利益相关方的识别。数据质量方案各个阶段的成功都取决于在正确的时间让正确的人参与进来。补救阶段将包括很多之前阶段参与的人员，但也可能有其他一些人员参与。

对于图 8.2 和表 8.2 中概述的方法，利益相关方需要做到以下几点：

- 了解数据质量规则失败对业务的影响。
- 有权代表他们的领域做出优先级决策。

这可能是一个人员组合——数据管理员或数据生产者团队的领导应该能够提供对业务的影响，但数据所有者可能需要根据他们的输入对优先级做出决策。

例如某个组织中的采购-付款运营团队的领导会明白，供应商主数据中缺少付款条款，这意味着该团队必须在发出采购订单之前，返回到合同中确认付款条款。如果 80% 的供应商没有提供付款条款，这将大大降低工作效率。数据所有者自己可能无法清楚地说明这一点，因为他们不参与日常的采购订单发布，但他们能够将该问题与其他 5 个类似的问题进行权衡，并判断应该关注哪些问题。

2. 投票确定优先级

投票确定优先级的目标是识别被一系列利益相关方认为严重的问题。这些问题不需要每个利益相关方都投票赞成才能被列为优先事项，但显然，在得到更广泛支持的情况下，将其列为优先事项的理由就更充分。一个被单一利益相关方重点标记的问题，不太可能有足够的说服力，但即使是这些问题也不应被排除在外。他们可能只会影响一个单一团队，但如果有强有力的理由，其他人就会注意到。

为启动投票流程，核心数据质量团队应召集合适的利益相关方举行启动会。下一节将介绍该会议。

3. 启动会

要开始此过程，负责交付数据质量规则的团队应该根据规则结果召集一个会议（参见第 7 章）。这次会议的目的是完成以下工作：

- 提供迄今为止关于数据质量方案的简报，以提供所展示的规则结果的背景。
- 向利益相关方展示该工具确定的分数和不合格记录的数量。
- 培训利益相关方如何独立访问这些信息，以便他们能够反思哪些是最重要的问题。
- 让利益相关方有机会就不清楚其影响的事项提出问题（并彼此交换信息）。
- 提供关于在确定优先级之后的步骤的背景。这些包括以下内容：
    - 确定补救的方法。
    - 理解实施这种方法所需的工作量。

最后一点有些不太清晰，这里举一个例子来说明如何运作。在与我们合作的一个组织中，有一条规则叫作"为客户提供正确的交货工厂"。理解这条规则需要一些 SAP ERP 系统的知识。在业务术语中，这句话的含义如下：

- 在 SAP 中，每一个可以向客户交付产品的地点（例如仓库）都被称作"交货工厂"。
- 每个客户都可以有一个特定的被指派向其配送产品的工厂。

该组织在西班牙本土和加那利群岛各有一家工厂。如果客户选错了交货工厂，产品可能从本土发送到加那利群岛，而加那利群岛的仓库有相同的产品。

在数据质量会议期间，让物流团队成员和 SAP 专家来解释业务影响是很重要的，只有这样才能确保问题被充分理解并确定正确的优先级。

4. 投票

这项活动的下一个阶段是请利益相关方进行投票。有各种各样的工具可以用来收集选票——从简单的电子表格到调查工具，比如 Momentive 的 Survey Monkey。收集选票的方法并不重要，重要的是以下几点：

- 易于使用。
- 易于汇总结果。

Survey Monkey 等工具允许收集匿名结果，但在这种情况下，完成调查的人的身份是很重要的，可能需要在会议中要求此人正式确定优先事项来解释他们的投票。

允许的投票数取决于数据质量规则的数量和可用于补救的资源。如果你在未来一个月内的资源只够专注于三个规则的数据质量改进，那么从 1~20 投票（其中 1 是最高优先级）可能是浪费时间，从 1~5 的投票就足够了。在这个例子中，投票给 5 可能会让获得相同数量票的 1~3 级规则面临"平局决胜"的局面。如果一个额外的利益相关方为该规则提供了 4 票或 5 票，那么这意味着该规则将优先于其他规则。

理想情况下，应该从每一个利益相关方那里收集选票。通常情况下，会有一个或多个利益相关方延迟响应，为了尽快确定优先级，很可能会导致将他们排除在会议之外。我们仍然建议邀请他们。这些利益相关方总是有可能在最终会议带来一些重要的信息，推动更好的优先级评定，为公司增加更多的价值。

重要的是要在最终会议之前汇总投票结果，以正式确定优先级。应该可以确定要补救的规则的等级，突出显示与其他规则同等重要的规则。

为了尽可能清楚地说明这一点，我们创建了一个示例。在本例中，要求每个利益相关方按优先级对规则进行排序，7 个利益相关方对 15 条规则进行了优先级排序。1 是最高优先级，5 是最低的。每个排名只允许使用一次，如果只有处理 5 条规则的资源，这意味着他们不会优先考虑 10 个规则，而只会对前 5 个规则进行投票。

每个等级的得分见表 8.3。

表 8.3　分数与排名

排　　名	分　　数
1	5
2	4
3	3
4	2
5	1
未进入排名	0

有时，可能会有一个更复杂的评分过程。例如等级 1 可以得到更高的分数（例如 7），因为对于单个利益相关方来说，最重要的优先级可能比次要的优先级更值得重视。有时，特定的利益相关方可以在其分数上获得更高的权重。如果他们的领域被广泛认为是公司目前在数据质量问题上受影响最严重的领域。

一旦提供了分数，可以很容易地合并规则。图 8.3 显示了如何实现此操作。

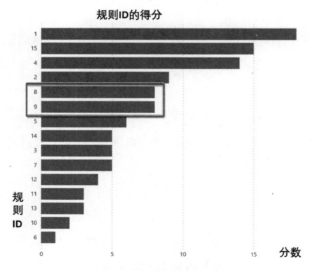

图 8.3　可视化展示每个规则 ID 的分数

在图 8.3 中，我们看到有 4 个优先级靠前的规则，规则编号为 1、15、4 和 2。最终的优先级规则并不明确，因为规则编号 8 和 9 获得了相同的分数。可以在最终的优先级会议上深入讨论这些规则。为了做好充分准备，最好了解这两个分数的排名明细。

在图 8.4 中，我们可以看到规则 8 只有两个利益相关方优先考虑，但它获得了相对较高的分数，因为它的排名更高（分别排名第 1 和第 3）。规则 9 被 4 个利益相关方列为重要规则，但排名在第 3 到第 5 名之间。

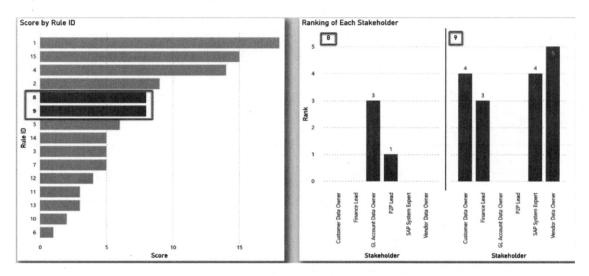

图 8.4　平局规则的排名

这可能是对最终会议有用的信息。总体而言，拥有一个顶级排名是否比更多人优先关注更重要呢？一般来说，最好支持有共识的项目，所以相对于规则 8，规则 9 可能是更好的选择。

但是如果其中一个利益相关方（例如采购付款领导）对已经优先考虑的规则（规则 1、15、4 和 2）都没有兴趣，那么最好包含规则 8，以确保他们的参与和支持。

这些讨论必须在会议过程中进行。

5. 正式确定优先级

理论上最后阶段工作应该相对简单。它是关于开会讨论投票结果，并正式确定投票过程中已经确定的优先事项。事实上，这个阶段通常是最具挑战性的！

最好的情况是，每个利益相关方都能从这个过程中"获胜"。换句话说，他们有一个或多个优先关注事项入选。也就是说，他们并不觉得自己的领域与其他领域相比处于不利地位。

在现实中，更常见的情况是，有人认为他们的优先事项没有或很少得到最高分。这种情况下，在会议期间必须提高对这一点的认识。大多数人都会明白，可能需要妥协，以确保所有利益相关方都被包括在内。有时，某个问题没有被优先考虑，也会得到特定利益相关方的谅解，明白这是当下最好的选择，并会支持其他人的优先事项。

会议应讨论以下问题：

- 与会者是否希望对投票的结果提出任何关切？例如是否存在没有列入优先级列表的关键业务问题？
- 是否存在完全排除在当前优先事项之外的功能/数据对象？与会者是否能接受？
- 是否有任何互补的补救活动应一起优先考虑？例如，如果几个不同的问题（有些具有高优先级，有些具有低优先级）需要组织与供方、顾客或员工沟通，那么应一起处理所有需要沟通的问题。

在会议（或必要时举行的一系列会议）结束时，应就优先事项达成广泛共识。对于那些认为自己的问题没有得到优先考虑的利益相关方，应该能理解，在以后的补救活动中，这种情况可能会发生变化。如果不能达成所需的共识，可以采取以下两种战略来推进。

- 升级：如果存在一个高级数据治理组织（如数据和分析指导委员会），可以将僵局上报到该组织。
- 实施规划：如果能在一个缩减版的优先事项列表（例如前两项）上达成共识，那么可以优先开始这两个方面工作，同时进行深入的讨论，以打破僵局。

一旦解决了所有的遗留问题，并且在优先级上达成了共识，组织将继续确定如何解决这些问题。

8.3　确定补救办法

既然已经明确了问题的优先级，现在是深入研究补救问题数据方法的恰当时机。尽管存在不同的方法可供选择，但是这些方法所需的投入大相径庭。

通常，每个优先级规则都可以归类到特定的方法中。大多数情况下，每个问题只适用一种方法。有时可能对一个特定问题采用两种或两种以上的办法。

例如，如果 ERP 系统中缺少用于发送汇款通知详情的供应商电子邮件地址，则可能采用以下三种方法：

对于 40% 缺少数据的供应商来说，数据可能在另一个系统中（例如合同管理系统）。为此，数据将被成批地迁移到 ERP 系统中。

对于另外 40% 的供应商，这些数据可能在以前的供应商发票上，并且可以收集和录入。

对于剩余的供应商，可能必须通过另一种方式（例如通过电话）联系供应商来收集数据。

在本例中，显然方法 1 耗时最少，其次是方法 2，方法 3 最耗费资源。

下一节将介绍数据补救所采用的典型方法，以及如何确定每种方法何时适用于你的组织。

8.3.1　典型的补救方法

本节将概要介绍我们之前所了解的各种数据补救方法。涵盖每种方法预期的工作量和它们可能适用的示例，见表 8.4。

表 8.4　典型的补救方法

序号	方　　法	解　　释	工作量级别	适　用　性
1	将规则应用于数据	有时可以系统性地纠正数据。换句话说，其他数据也可以用于推导出正确的值或缺失的值 回到前面"配送工厂"的例子，通过一次批处理上传，所有在加那利群岛的客户都可以被指派加那利群岛的配送工厂	低	这只适用于以下情况，有其他数据可以依靠，能为问题字段推导出适当值，且可以应用一个非常连贯一致的规则
2	从内部利益相关方收集数据	通常内部利益相关方可能有额外的信息，这些信息能被添加到他们的记录系统中 例如在一个系统中，一组成本中心可能有过时的所有者信息，但该部门的总负责人知道他们的哪个领导拥有哪个成本中心，并可以提供信息，然后批量加载	低	适用于信息是机构公共知识或内部人员与外部业务合作伙伴之间有定期联系（例如领导者对供应商有很好的了解，他们能够提供缺失的数据）的情况

（续）

序号	方　　法	解　　释	工作量级别	适　用　性
3	从内部系统复制数据到其他系统中	通常，组织在不同的系统中，有相同数据的实例。例如大多数内部系统都有部分员工记录（作为系统的主体或作为系统的用户） 当某些数据缺失或不正确时，有必要询问业务专家，在另一个记录系统中，是否存在正确的数据实例 如果是这种情况，一个永久的解决方案是：创建一个接口或主数据管理系统，以确保一个系统管理完整的记录，并适当地分发给其他系统	低	适用于相同记录的不同版本分布在多个系统中的组织
4	从第三方匹配和合并数据	可以从你的系统导出数据（或允许外部连接），把数据发送给具有完整和高质量数据集的第三方。第三方使用唯一标识符（例如公司注册号、税务 ID 等）匹配他们的数据库并提供完整数据，收取费用	中	部署工作量很大，但这可以用于纠正所有数量记录
5	从现有的内部资料中获取	通常缺失的数据可能已在组织内部可用，只不过是非结构化（非数据库）格式。例如员工税务标识符（例如在美国的社会安全号码）可能是在纸质表格或员工已提交的 PDF 附件上 在某些情况下，可扫描文档并使用光学字符识别（OCR）转化为电子格式，然后批量加载到记录系统	中	可随时适用于有纸质记录的公司 OCR 特别强调文档结构的一致性，以便可以每次都在近似相同的位置读取相关数据
6	手动收集缺失数据	这种方法涉及直接联系供应商、客户或业务合作伙伴，要求他们提供所有的缺失/不正确的信息。一旦业务合作伙伴响应，数据将被添加到记录系统的内部	高	适用于没有其他选项时。例如，第三方不持有要购买的这些数据
7	在线搜索	缺失的数据有时可以在网上找到。例如在我合作过的一个组织中，医生的办公室地址数据不完整，分析人员能够通过网页获得大多数地址。有时这些数据可以是通过更自动化的方式获得。例如通过将 ID 传递给 API，返回后得到一个更广泛的信息集合（通常涉及成本）	高	在记录数量相对较少且数据收集可以与其他活动相结合的情况下很有用。例如在准备发货时获取地址

表 8.4 的顺序特意按工作量从低到高来组织，这也是你在确定方法时应该考虑的方式。显然，如果两种方法都适用，其他条件都相同，应首选工作量最低的方法。

然而，事情并不总是这么简单，因为有些选择涉及成本问题。如果成本不是一个因素，而且错误记录的数量很高，显然你会选择方法 4 而不是方法 6，因为自动匹配和纠正数据通过比与业务伙伴联系，逐个收集每一个错误记录要省时得多。然而，如果第三方要为这项服务收取大量的费用，那么必须将这一点考虑到决策中。

8.3.2 将问题与正确的方法相匹配

此时，规则结果报告中确定的每个问题及其优先级都必须单独评估。需要选择上述方法中的一种或几种组合来帮助解决每个问题。

本节将介绍一些在我们合作过的组织中发现问题的真实案例，并概述可能的方法，以及在补救活动中实际使用的方法。这样应该可以帮助你理解其中的思维过程。

如表 8.5 所示，补救方法必须针对具体问题量身定制，通常是综合使用。虽然 80% 的问题可以用一种方法解决，但最后的 20% 可能需要不同的方式。

表 8.5　方法应用实例

问 题 示 例	影　　响	可能的补救方法	选择的方法
供应商数据中两个不同的（不一致的）付款条款	可能会比必要时间提前付款或比合同要求晚付款给供应商	联系供应商获取正确的付款条款 使用已签署的合同找到正确的条款	对照已签署的合同抽样检查了采购付款期限，发现是一致的。这意味着财务付款期限不正确，并被采购付款期限所覆盖 补救方法 5
供应商银行详细信息不正确或缺失	无法向供应商支付款项	联系供应商获取正确的银行详细信息 使用最近的发票收据找到银行详细信息	收到的发票用于获取此信息。为了降低欺诈风险，至少在两张发票上检查银行详细信息。如果没有，则直接与供应商联系，但仅在发生新交易时才联系 补救方法 5 和 6
缺少供应商层次结构信息	无法利用相关公司的潜在批量折扣（特定规模订单的价格折扣）	与邓白氏进行匹配和合并活动 没有其他选择	邓白氏（D&B）能够匹配 90% 的现有供应商记录，并提供最终的母公司 ID。这改变了支出分析，使供应商支出减少了 1.4% 补救方法 4

（续）

问题示例	影　响	可能的补救方法	选择的方法
约 1000 名雇员生日信息不正确	税收、退休金和身份验证问题	联系雇员请他们更新个人页面 查看背景调查表格（仅适用于最近聘用的员工）	向受影响的员工发邮件请求他们更新个人页面信息 要求直线经理跟踪反应缓慢的员工 补救方法 6
员工被错误地分配到已撤销的部门	影响员工人数报告和人力资源流程	检查直线经理与哪个组织单位相关联，如果处于活动状态，将员工移至同一部门 联系直线经理，要求他们为员工启动组织单位部门更正	以防直线经理数据也过时，第一种方法（对数据应用规则的示例）被认为风险太大 编写一份组织单位改革提案，并送交各级管理人员审查/更正，期限为三周 截止日期后，通过批量上传更正数据 补救方法 1
缺少几个大客户的收货地址 注：客户通常提供他们希望组织将产品运送到的多个地址（称为收货地址）	无法将产品运送到正确的客户位置 客户订单报价存储了联系电话而没有地址，因为客户第一次签署合同时已经提供了收货地址	联系客户以获取收货地址并上传 与客户经理联系，以确定收货地址是否存档 与可以提供地址数据的第三方机构（例如邓白氏）联系	客户经理能够提供客户文件，其中包括相关的收货地址 补救方法 5
重组后，60% 的成本中心缺少或存在过期的成本中心经理姓名	财务部门不清楚与谁沟通来讨论成本和流程审批问题，而成本中心所有者需要提供审批	向高级领导（即具有多个成本中心的职能部门负责人）提供成本中心列表，并要求他们在与 HR 团队协商后提供正确的经理姓名	这是成功实施的唯一方法 补救方法 2
该组织获得了向英国所有医生办公室和药房销售药品的合同，ERP 提供的清单很不完整	由于发货的最后期限非常紧迫，该组织没有时间进行主要数据收集工作	从第三方处购买所需的数据 在线搜索医生办公室并获取公开的详细信息（只能逐个实现）	大部分数据是从第三方购买并批量加载到 ERP 系统中 第三方没有全部客户的完整和最新记录。手动在线检查被标记为不完整的组织，必要时需致电其业务部门 补救方法 4 和 7
ERP 系统中大量产品缺少重量测量值	物流团队面临挑战，他们无法规划合适的运输负载	从制造执行系统（MES）获取数据，并将其复制到 ERP 系统	数据从 MES 中获得，并建立了一个接口来永久解决这个问题 补救方法 3

在确定可能的方法时，重要的是与这一领域的业务专家沟通，他们通常最了解解决问题的实际情况。重要的是不要将方法强加给他们，因为那样的话，在尝试执行补救活动时就会遇到阻力。

然而，还必须认识到，以"日常"操作者角色处理这些数据的人可能并没有意识到这些可能性。例如，他们管理 ERP 系统中的数据时，可能没有意识到缺少的数据在另一个内部系统中可用。担任客户服务角色的人可能知道邓白氏提供信用调查能力，但不知道它还有匹配和合并服务。

根据我们的经验，如果建议的方法是有效和实用的，业务专家会积极支持并且为他们不用逐个修补记录而感到舒心！

与业务专家维护关系还有另一个重要的好处。通常情况下，数据质量方案本身无法完成补救工作，剩余的纠正工作必须过渡到运营团队的日常活动中。与业务专家的关系在获得对此项工作的认可方面非常重要。

8.4　补救工作常态化

应用自动化或大批量纠正方法，通常不会纠正所有数据。可能会有 20% 的问题数据无法自动匹配，必须实施第二种方法。通常，很难做出决定，纠正数据的道路要走多远。例如最后的 20% 可能采用手动补救方法，如方法 6 或方法 7。这可能太费时，以至于实施成本超过了收益。在这种情况下，最合适的做法是采用修复 80% 数据的方法，并接受（至少暂时如此）剩下的数据质量挑战。对于剩余的 20%，可以采用"常态化"的补救方法。

为了加深理解，下面采用表 8.5 中缺少供应商银行详细信息的实际例子来进一步说明：

- 一家组织的 ERP 系统发现 65% 的供应商没有银行详细信息，这是在一个遗留系统迁移之后发生的，该系统随后退役。
- 最初应用了方法 5——使用以前的供应商发票来查找银行详细信息，将其记录在文件中，然后上传到 ERP 系统。
- 这解决了近 80% 受影响的供应商的问题。
- 最初的计划是逐个联系剩下的 20% 供应商。后来为确保效率，改变了计划。
- 在 ERP 中阻止供应商采购。这意味着在解除锁定之前，不能提出任何采购

订单。采购订单申请人被告知，他们需要在下订单前向供应商索取银行详
细信息。

- 这意味着数据的修正过程是在与供应商进行交易时发生的。

只有少数例外（大约 100 个）需要直接联系，因为他们有马上需要付款的采购订单，
而这个订单在锁定之前就已经完成了。

在数据补救过程中，应该对优先补救活动有一个清晰的了解，并确定纠正每种类型问题
的方法。现在可以准确估算补救活动所需的工作量和时间了。

8.5　了解工作量和成本

一旦确定了需要优先解决的数据质量问题的处理方法，就应准备一个大致的工作量和成
本估算，以及解决每个问题的时间表和计划。

有时可能需要在此重新审视优先级。如果有任何问题是特别难以解决的，那么最好优先
选择那些可以采用简单方案的问题。这通常发生在以下情况：

- 所选择的方法需要大量人工操作，将消耗更多的资源。
- 涉及第三方的方法（即为正确数据付费）比最初预期的成本更高。

在数据质量提升方案中，保持势头非常重要。如果问题受到质疑，即使优先级很高，也
最好转移到一个可以有效进展的问题上。

为了正确地理解补救数据质量问题所涉及的工作量和成本，我们必须首先研究所涉及的
不同成本类型。

补救的成本类型

在第 3 章中，介绍了一个用于计算实施数据质量提升方案所涉及的工作量和成本的模
型。在考虑纠正工作和成本时，也可以借鉴该章节中的许多内容，包括考虑人力成本和非人
力成本。

表 8.6 概述了前面部分提到的每种方法所涉及的不同成本类型的水平。

表 8.6 各种补救方法成本分析

方法	人力工作量/成本	非人力成本	成本水平评估
将规则应用于数据	低成本：需要确定适当的规则并对数据进行大规模更新，但不需要进行记录级别的操作	低成本：可能需要应用开发和管理团队（通常是外包角色）的支持	低
从内部利益相关方收集数据	中等成本：需要内部人员提出缺失数据的请求，并需要其他人提供这些数据	无	中
从内部系统中复制数据到其他系统中	低成本：需要内部人员从一个系统中提取数据并加载到另一个系统中	低成本：和第一种方法一样，可能需要一些第三方应用开发和管理团队的支持	低
从第三方匹配和合并数据	低成本：需要内部人员检查第三方所做的匹配的准确性，并管理未匹配的记录	中等成本：第三方数据供应商通常按记录收费	中
从现有的内部资料中获取	中等成本：检索收到的文件并找到缺失数据这一过程非常耗时。每个不同的业务合作伙伴的文件都有不同的格式，因此该过程通常不可复用。如果该过程可以通过 OCR 自动化，可以下降到"低成本"水平	低成本：通常由组织内部的人员进行此项工作。如果使用 OCR 技术，内部资源的成本将会降低，但技术和咨询成本会增加	中
手动收集缺失数据	最高：联系每个数据主体（例如供应商）来获取数据非常耗时。由于必须跟踪和追逐回复（如有必要），因此需要一定程度的组织。企业可以选择聘用临时人员来收集数据，以便让长期员工专注于他们的常规职责。然而，这样做的代价更高	无	高
在线搜索	高：搜索与每个数据主体（例如供应商）有关的在线资料，获取数据非常耗时。不过，联系第三方并等待答复更加耗时	无	高

8.6　管理补救活动

一旦完成了优先级排序、确定了修正方法，并了解了所需的工作量，就可以开始数据修正工作了。与所有其他类似的项目活动一样，补救活动也需要进行管理。

在这种情况下，管理包括以下内容：

- 根据预期工作量/运行时间对补救活动进行跟踪。
- 向高层领导汇报活动的进展情况。
- 理解需要管理或减轻的风险、问题和"阻碍因素"。

当组织首次开始修正数据质量问题时，必须进行正式的管理。这是因为组织在这个领域缺乏既定的流程、最佳实践和组织知识。我曾经与一些组织合作过，它们只是决定把数据质量问题分配到人，而没有任何进一步的管理。我的经验表明，在这种情况下，只有极少数人会努力取得进展，由于缺乏监督，大多数人会让修正工作的优先级逐渐降低。

随着成熟度逐渐提高，一些管理工作可能会被取消，例如不再需要正式的风险和问题日志。随着在数据修正方面获得更多经验，对某些方法所固有的风险有了更好的理解，并且可以在问题出现之前进行缓解。因此，无须像以前那样记录和管理它们，因为缓解措施已经成为团队的组织知识的一部分。例如在一家组织中，与第三方数据供应商进行匹配和合并操作时，匹配率只有约 75%，而预期的匹配率为 95%，这个问题被正式记录下来。需要为预期中的差距分配额外的资源来提高匹配率，并对其他未匹配记录逐行修正。

未来，当这个组织使用匹配和合并完成类似的修正工作时，就会降低对匹配率的期望，并从一开始就配置适当的资源。不再需要记录类似问题。

从管理的角度来看，下面概述了在数据修正过程中通常需要进行的典型活动。

关键的管理活动

补救活动的关键管理活动如表 8.7 所示。

表 8.7　补救活动的关键管理活动

活　动	描　述	示　例
计划	确实，对于修正工作，应该制定一个简单的项目计划。它应该涵盖以下内容： ● 每个活动所需的资源 ● 每个任务的时间表 ● 活动之间的依赖关系	负责数据修正工作的资源可能看起来微不足道。然而，这个过程通常涉及多个团队。例如一个团队可能获取正确的数据，但另一个团队可能负责上传更正后的数据。了解团队在每个月不同时间的工作量也非常重要。财务部门月末结账期通常会导致可用于数据修正工作的人手减少，这一点必须提前预料到 依赖关系也非常重要。例如一个数据对象中可能有 5 个不同字段上的问题。只有在解决了这 5 个问题之后，才应进行修正数据的上传活动
治理会议	至少应该建立一个定期的治理会议，以审查计划的进展情况，并讨论可能影响进展或成功结果的风险或问题。该会议应该集合负责每个相关领域的高级领导者以及领导修正工作的团队成员	会议的议程可以如下： ● 审查最新的数据质量报告，了解自上次会议以来的进展情况 ● 计划更新 ● 关键问题和风险 ● 采用新方法（例如，第一种方法无法如预期般修正大量数据，则可能需要添加新的方法）
定期报告	应该提供定期报告，以便任何感兴趣的人都可以了解进展情况，即使他们没有被邀请参加治理会议	示例内容： ● 概述 ● 自上次报告以来的成就 ● 即将到来的里程碑 ● 关键风险和问题（以及与这些问题相关的日志链接）
防止复现	为了在未来保持更高水平的数据质量，需要制定计划。通常包括以下内容。 ● 永久解决问题的建议：针对每个问题提出具体的建议，以永久解决该问题 ● 根本原因和潜在解决方案：确定问题的根本原因，并提出可能的解决方案，以防止问题再次发生 ● 实施解决方案的计划：制定详细的计划，包括执行时间表、责任分配和必要的资源，以确保解决方案得以有效实施	预防再次发生的措施可能包括以下内容。 ● 在数据收集表单中添加验证：确保在数据输入的过程中进行验证，以防止错误或不合格数据的输入 ● 对员工进行再培训：提供必要的培训和指导，以确保他们正确理解和执行数据收集和处理的最佳实践 ● 接受问题可能会再次发生的事实，并设定阈值：在一定程度上接受问题的再次发生，并设定一个阈值，当达到该阈值时，会定期执行例行纠正流程。这样可以确保及时发现和处理问题，以减少损失

表 8.7 中的大部分内容通常可以在项目管理方法中找到。主要的例外情况是"预防复现"的活动。这些活动是数据质量修正领域特有的，将在第 9 章专门做详细介绍。

到目前为止，本章介绍了如何处理修正工作，以及如何进行治理以确保其成功。假设修正工作取得了成功，组织将开始获得收益。本章的下一节也是最后一个部分，是关于如何衡量这些收益，以便向那些帮助实现这一方案的人展示他们投入的时间、精力和资金的价值。

8.7　跟踪收益

补救活动非常耗时且具有挑战性。很常见的情况是，在这个阶段，数据质量项目过于专注此活动，而没有正确管理利益相关方。项目在商业案例阶段承诺了收益（即使只是定性收益）。正是这些收益说服领导者将资源从其他工作中调配到修正活动中。

因此，有必要证明修正活动确实提供了承诺的收益。如果做得好，将看到以下情况：

- 领导者鼓励你继续进行下一个流程或数据领域。
- 以前不配合的利益相关方现在主动请求将他们的领域添加到质量路线图中。
- 因为数据的可信度提高，数据相关的其他活动投资也得到回报（例如数据分析）。
- 其他领域任命数据监护人/数据负责人，并积极参与整个数据管理项目。

展示收益目标进展的第一步是向利益相关方展示当前的数据质量状况与原始数据质量状况的对比。例如平均数据质量得分，可以产生很大的影响。如果平均值从 65% 提高到 85%，通常会被认为是出色的进展。因此，数据质量报告最好涵盖历史视图和趋势分析。如果做不到这一点，那么至少在修正活动开始之前，保留一些历史分数的截图。

跟踪收益并非总是必要的。在某个组织中，如果存在严重的数据质量挑战，并且处于密切监视的情况下，那么应该很快可以看到收益。例如在我曾与之合作的一个组织中，供应商数据非常糟糕，以至于不能及时完成付款。这导致了严重的供应问题（甚至包括公用事业）。对于这个组织，实际上无须提供收益证据。他们已经在跟踪供应商付款的积压情况，而当数据质量修正活动取得进展时，显然积压情况得到了缓解。基本上，其他人已经在跟踪这些收益。

在需要跟踪收益的情况下，可以应用第 3 章中概述的概念。以下示例说明了如何实现这一目标。

8.7.1 量化示例

在第 3 章中，我提供了一个示例，基于缺少汇款通知电子邮件地址的定量计算。图 3.7 显示了此项详细计算的成本为 125000 美元。这是基于在所有开具的发票中，汇款查询率为 5% 进行估算。现在假设查询率为 1%（因为大多数供应商收到其汇款的电子邮件）。在这个查询率下，管理查询的成本将为 25000 美元，节省了 95000 美元。

也可以计算一些以前未包括在商业案例中的定量收益。例如，人力资源运营团队通知你，员工数据问题的减少可以节约两个全职员工，并且这些全职员工已被重新分配到其他活动中，那么可以强调这些收益。这种方法要求你与业务领域人员保持紧密的联系。他们理解你希望记录数据质量带来的收益，并愿意与你分享他们发现的成果。

对于在第 3 章中使用的方法 2（计算有限的收益并进行推断），未在商业案例中体现的收益可能非常有价值。这种方法依赖于计算一些已知收益的例子，然后在其他一些已知的数据质量问题上进行推断。在数据修正之后，重要的是宣传实现这些收益的例子。这些都有助于在未来的商业案例中增加可信度。

对于使用方法 3 的情况（自上而下的收益计算），重要的是在数据修正之后跟踪基准的实际变化。例如供应商数据改善后，"按时付款率"或"每张发票的成本"基准发生了什么变化？

与数据质量效益一样，很难准确提供这些量化信息。在论证过程中加入定性评估，在获得利益相关方的持续支持方面，往往能起到事半功倍的效果。

8.7.2 追踪量化收益

如果业务案例承诺了量化的收益，那么跟踪这些收益就非常重要，看看有哪些改进。可能包括以下内容：

- 重新对内部员工进行调查，了解数据质量对他们的影响。可以提出之前同样的问题，但也需要询问通过数据质量提升方案，看到了哪些具体的变化。

- 重新审视在商业案例中着重描述的风险，并寻找风险已经部分或完全得到
  缓解的证据。以下是一些具体示例：
  ◆ 在补救后，组织的客户推荐度得分如何？
  ◆ 在补救前后，分别有多少客户提到了数据问题？

如果你能够回溯到商业案例，展示数据质量提升方案已经交付了承诺的成果，那么你将
为自己争取在组织中继续从事数据质量工作的机会。

8.8 本章小结

一直以来，数据质量补救都是数据质量方案中最具挑战的部分之一。要获得足够的资
源，在相对短的时间内对数据质量做出巨大改进，通常是非常困难的。本章介绍了一个有效
的方法，确保将有限的资源用于解决组织最关键的问题。

向利益相关方汇报进展情况非常重要，要将进展与商业案例中的预期收益联系起来。

随着数据质量工作的成功开展，数据质量团队可能会被要求继续扩展工作范围，包括之
前对此支持不力的业务部门，以便为组织带来更多收益。

为了持续实现业务效益，关键要永久性地改变企业管理数据的方式，并将数据质量改进
深入地融入日常业务流程中。只有长期对数据管理体系和业务流程进行优化，数据质量工作
的成果才能得到切实保障和持续提升。

第9章

将数据质量纳入组织中

在第 8 章，介绍了如何在组织内评估和宣讲数据补救工作的收益。本章讲述的是如何使这些收益长久地持续下去。如果只是将数据整改作为"一次性工作"，虽然也会产生一定收益，但从中长期来看，数据终将回落到低质量状态。

从本质上讲，维持长久收益需要从两方面着手：首先是变更数据收集方式，其次是在日常工作中，持续小范围进行第 3 章至第 8 章中的活动。

本章将经常提到"日常工作"一词。该术语是指保持组织平稳运行的日常运营工作，不包括项目性活动和一次性活动。例如对于销售团队来说，日常工作之一是联系客户并更新 CRM 系统，但实施一个新的 CRM 系统不是日常工作的范畴，因为这是一个项目性活动，销售团队需要投入一些额外的时间。

本章讲述的是从集中性的数据质量项目阶段转移，并将剩余活动和未来维持高水平数据质量的任务转移到团队日常工作中。

在本章中，将介绍以下主题内容：

- 预防问题再次发生。
- 持续改进质量管理规则。
- 过渡到日常补救活动中。
- 持续数据质量管理之旅。

9.1　预防问题再次发生

第 8 章提供了补救阶段所需治理活动的表格，其中最后一项活动是预防问题再次发生。这项工作从数据补救阶段开始，也是项目性补救向日常补救阶段过渡的关键活动。

如果在不了解数据质量问题产生原因的情况下进行一次性补救活动，那么同样的问题在未来还会再次发生。补救工作是需要反复进行的，通过正确理解问题原因、变更系统或流程，从而解决问题，然后进行持续监控才能确保足够高的数据质量，避免问题再次发生。

我合作过的一个组织聘请四大咨询公司来完善和更正供应商数据。这项工作完全由人工完成（从发现问题到补救工作），由不同国家的业务专家组建的团队进行远程领导。在制定规则和补救工作中，几乎没有考虑到企业内部业务特征。虽然取得了些许成功，特别是补充了缺失的税号、更正部分地址数据，以及增加了供应商层次结构，但也遗漏了许多重要问题。这些规则没有反映企业的个性化需求，也没有采取任何措施来确保"一次性清理"的可持续性。随着时间的推移，问题就会再次出现。例如因为没有建立维护供应商层次结构的流程，因此这些信息很快就过时了。

该组织也实施了一些与本书所述类似的数据质量提升方案，相关成果就更加具体和稳固。例如在供应商创建表单时，税号字段是必填字段，如果没有可用的税号，则要求操作人员在方框中打勾，并解释为何缺少该数据。然后给数据管理员发送供应商建档请求，由他们根据缺失数据的原因，批准或拒绝该请求。税务领域的规则也成了数据质量报告的一部分，并且持续关注其变化趋势，在数据质量变差时组织将采取相应措施。

如果我们用"等到马逃跑了再关马厩门"来比喻，数据质量方案主要帮助我们做到以下几点：

- 检查门是否打开，马是否逃跑了（发现问题并实施数据质量规则）。
- 找到马并将其带回马厩（补救措施）。
- 关上门并进行加固处理，以确保其不会再次打开（防止再次发生）。

下一节将探讨组织可用于预防问题再次发生的风险的不同方法。

9.1.1 预防问题再次发生的方法

为了预防未来出现问题，可能需要进行许多不同的调整。由于所遇到的问题非常个性化，所以很难给出一份详尽的清单。不过表 9.1 列出了解决不同类型数据质量问题的典型永久性变更。

表 9.1　解决不同类型数据质量问题的典型永久性变更

变更类型	详细描述	适用性
再培训	通过培训为在系统中创建数据的人员提供更好的指导，使他们今后不会再犯同样的错误 例如数据生产者可以通过培训课程学习如何在流程和报告中使用他们维护的系统中的字段，以便了解输入数据的重要性/相关性	这种情况适用于在输入数据时需要判断的情况，也就是无法通过系统验证的方式发现错误 这种情况可能发生在实施验证检查的成本太高或需要很长时间的场景
添加/修改系统验证	可以通过添加系统验证来检查数据。例如可添加验证功能，以确保税号填写完整并符合格式规则（长度、字母、数字字符位置） 有时，验证会提供可忽略的警告消息（需要人工判断）或错误（不需要人工判断）。现代数据质量工具可以通过 API 连接到记录系统，并根据工具中的数据质量规则"实时"验证数据。这就使数据质量工具成为数据质量规则的"主"系统，并可以降低在记录系统中执行规则的成本	这通常是最佳解决方案，适用于对数据输入字段有硬性规定的情况
在系统之间添加接口	数据在一个系统内部是正确的，但复制到另一个系统的数据可能是不正确或不完整的。在这种情况下，可以通过接口来同步数据 换句话说，数据是在一个系统中创建的，并通过接口自动分发到另一个系统。请注意，在这种情况下，主数据管理（MDM）解决方案可能会更好 为方便系统运行，在多个记录系统中共享数据，在 MDM 系统中拥有一个完整的"主数据"记录，然后将其分发给所有需要它的系统	这适用于多个记录系统需要使用公共数据的情况
提高从第三方获得的数据质量	有时，第三方公司提供的数据不符合要求 在这种情况下，企业可以寻找能提供更好数据的供应商，或者与当前的供应商一起商讨此问题 通常出现的问题是没有向供应商明确说明最初的要求	适用于第三方公司提供不符合要求的数据的情形

（续）

变 更 类 型	详 细 描 述	适 用 性
提高来自业务合作伙伴（供应商、客户和员工）的数据质量	供应商、客户和员工利用"自助服务"工具往在线表单中输入数据的情况越来越普遍。在验证水平足够高的情况下，这些工具可以提供高质量的数据。如果验证水平不够好，或者依赖人工判断，就会出现问题 解决这些问题需要针对不同的业务合作伙伴采取不同的方法 对于供应商来说，可能需要一个新手入门手册，解释所需的数据及其作用 对于客户来说，可能需要经过改进的在线表单，使其具有强大的验证功能和高质量的书面指导（例如提示每个字段含义）。对于大客户，可由销售团队的客户经理监督数据输入 对员工而言，需要引入数据文化。例如将数据准确的重要性作为员工入职活动的一部分进行培训。例如在无法实施验证的情况下，还可以由人力资源运营团队来考核和增强员工数据的质量	通过自助服务工具（如员工、供应商或客户在线门户网站）向业务合作伙伴请求数据

这些整改可以带来可持续的改进，并有助于在补救后将数据质量保持在较高水平。然而，问题还是没有得到彻底解决。以下内容解释了人为错误仍然是一个关键因素。

9.1.2　人为失误的持续影响

经验表明，即使完成了培训并加强验证，随着数据的创建和更改，数据质量问题仍然会持续产生。这主要是人为因素造成的。下面的例子指出了培训和验证仍然无法预防的方面：

- 不同的人对培训的关注程度不同，对信息的理解也会有微妙的差异。例如在我工作过的一家企业中，有一个关于产品颜色的字段。培训指出该字段是必填的，并假定用户会输入实际的颜色，如"黑色"或"灰色"。然而，用户最终输入了"是"，表示该产品有可用的颜色选项（换句话说，它不像许多类似产品那样只有一种颜色）。你可能会觉得这明显是一个误解，但我可以直接告诉你，这种情况比预期的要多得多（请注意，该示例提到的问题可以通过改进培训内容或在表格中添加颜色下拉列表来解决）。
- 系统验证不可能面面俱到。拥有一套涵盖所有可能情况的验证方法成本非常高，而且有些数据根本无法验证。如果客户输入他们的电子邮件地址，复杂的验证可能会检查电子邮件是否在适当的位置包含@符号，以及@符号后面的域名是否真实（通过使用域查询服务）。但无法检查该域的电子邮件账户是否存在。例如从验证的角度来看，invalidemail@ packt. com 是一个有效的电子邮件地址。在这方面仍然依赖用户认真负责地填写数据。

由于人为因素的存在，持续监测数据仍然非常重要。

重要的是确保问题发生和问题检测之间的时间间隔要尽量短。下一节将概述实现该目标的简单策略。

9.1.3 短期水平分析报告

通常，数据质量报告会显示特定规则范围内的全部数据。例如我们会检查当前所有活跃的供应商，以确保它们拥有正确的地址数据和税务详细信息。从报告中可以观察到 5 年前创建供应商数据时存在失误。但这并没有说明目前在记录系统中创建和更改数据的操作人员是如何操作的。为此，我建议使用短期水平分析报告。

可以通过数据质量报告的日期过滤器来实现这一点，这样就可以限制报告的范围。例如仅查看最近两个工作日内创建/更改的数据质量分数。

如果某些规则的得分低于长期平均值，那么问题会随着时间的推移而逐渐恶化。应该把创建或更改数据人员的用户 ID 包含在报告中，如果你能发现某个操作员或团队的错误导致数据质量得分下降，那么就可以有针对性地对该团队进行培训。

本节我们学习了如何制定策略来预防错误再次发生。可以看出，即使部署了这些策略，仍会进一步发生错误。我们还了解了短期水平分析报告，它有助于及时发现这些错误。现在要关注的是，监控数据质量的规则不能一成不变。随着业务的发展，其优先级和目标也会随之变化。源系统随着环境的变化而变化，数据质量规则也必须随之调整。下一节将介绍如何确保团队意识到规则的变化，并确保数据质量是这些变化的核心。

9.2 持续改进质量管理规则

一旦完成了数据质量方案并制定了一套有价值的规则，维护这些规则就至关重要。最理想的情况是，这些规则至少能在几年内保持一致。但根据我的经验，情况绝非如此。有些规则可能会 10 年内保持不变，而有些规则会在最初制定后的几个月（甚至几周）内发生变化。长时间内保持一致性的规则通常是那些涉及税收等长期立法要求的规则，而那些变化频繁的规则是与企业运营方式最密切相关的。

例如围绕某一个产品的数据往往变化较快。比如一家制造手机的技术企业，数据发生变化的可能性就会很高。例如在 2010 年，手机的网络功能仅限于 2G 和 3G，一条规则可能会检查是否每部手机都是 2G 或 3G。到了 2023 年，4G 和 5G 到来，就需要改变规则。在随后的十年，随着新技术的引入，我坚信将不得不再次改变这一规则。

合乎逻辑的结论是，负责规则的数据质量团队必须找到一种方法，尽早了解工作方式、流程和系统的变化。然后对这些变化进行评估，以确定哪些变化会生成新规则，或需要对现有规则进行变更。下一节描述了识别规则变化的策略。

9.2.1　识别规则变更的策略

为确保能提前获知数据质量规则的变更，在讨论和批准这些变更的会议上，数据质量必须成为讨论主题，成为批准这些变更的"重点关注"内容。理想情况下，利益相关方应该要求正在变更系统和流程的项目经理，以及解决方案架构师要能与数据质量团队合作，并将数据质量规则变更的预算作为项目的一部分。如果能做到这一点，就意味着数据质量真正得到了高层利益相关方的支持，推动相关工作取得成功。

表 9.2 是我在识别规则变更时，成功使用的一些策略。

表 9.2　确保数据质量在流程和系统更改中得到考虑的策略

策　　略	详 细 信 息
参加架构评审委员会会议	架构评审委员会（ARB）或类似机构。这些委员会负责审查每一个会改变组织系统架构的新项目。它们确保组织中的不同群体为了更大的利益而相互合作。例如，一个项目建议引入一个新的应用程序，它必须与 IT 安全团队进行评估，以确保从网络安全的角度来看，该应用程序可以安全使用 本策略是为了在组织的 ARB 中建立类似的数据质量评审机制。理想的结果是 ARB 有一个标准问题清单，是关于项目可能对数据质量规则产生哪些影响。ARB 可以要求在项目获得批准前考虑到这种影响。如果可能的话，数据质量代表应加入该委员会，至少有机会发言或访问会议记录
参加系统治理委员会会议	组织中的每个主要系统通常都配套一个治理会议，讨论该系统的未来，包括即将开展的项目等 如有可能，应定期派一名代表参加这些会议，该代表应有权发言或访问会议记录。该代表可定期介绍数据质量工具的变更范围，以便委员会了解其系统对数据质量规则的影响（或新的数据质量规则可能对他们有所帮助）

（续）

策　略	详 细 信 息
IT 安全团队	通常情况下，IT 安全团队会审批每一个涉及系统的项目，即使是那些规模太小而没有被 ARB 等主要委员会关注的项目 如果无法参与 ARB，IT 安全团队可能是一个很好的代替，因为他们可以监督所有项目工作
电子凭证系统	每个组织都有电子凭证流程之类的工具。这些工具可以帮助人们针对流程和系统提出请求或发现问题 此类工具维护一个活跃的服务目录。目录服务团队可以在电子凭证系统中看到未来几周或几个月内需要提供新服务的项目 因此，这些工具可以帮助提供可能影响数据质量的各种变化情况。与出席 ARB 或系统治理委员会会议相比，这是一个次优选择。电子凭证系统往往只在项目上线阶段进行更新，从发出通知到实施变更可能只有几周时间
利用数据管理员的关系网	在前几章中，我们已经提到，理想情况下，数据管理员将定期开会讨论数据质量问题。这些数据管理员还将在其他会议中发挥作用，例如他们中的许多人都是系统治理委员会的成员 因此，可以利用数据质量论坛向数据管理员提出请求，让他们密切关注其他会议内容，寻找即将发生的会影响数据质量的变化。如果数据管理员真正对数据质量规则负责，他们就会自然而然地做到这一点，而无须提示
利用员工大会和其他大型公共会议的机会	组织中通常会举行员工大会。在这些会议上，一大群人将齐聚一堂，聆听领导介绍最新消息。这些会议可能是针对单一部门（例如研发部门），也可能是针对整个公司 一种策略是确保数据质量话题在这些会议上时不时出现，数据质量团队可以花几分钟强调需要紧跟变化。可能只有少数利益相关方会受到激励来保持沟通并提供变化细节，因此这需要与其他策略结合使用
将数据质量嵌入组织模板中	如第 3 章所述，许多组织都有一套标准模板，在对流程或系统进行变更时，必须填写这些模板。可能包括以下内容： ● 项目启动文件 ● 架构评估 ● IT 安全评估 ● 变更申请 ● 项目计划 ● 测试计划 ● 交流计划 在一些组织中，我成功地在这套模板中引入了数据评估，或者将数据评估添加到项目启动文件或架构评估中 这要求以上文件的审查人员意识到哪些内容应考虑到数据质量要求，并强制要求做好这一点

（续）

策　　略	详 细 信 息
将数据质量纳入所有新项目的业务案例模板中	此策略确保从早期阶段就考虑到数据质量问题。它确保为任何所需的数据质量变更留出预算 这种方法面临的挑战在于，数据质量是商业案例中需要考虑的众多因素之一，太多的因素使得业务案例模板变得使用体验极差。填写人开始忽略那些不重要的因素或故意提供一些糟糕的信息

与本书中的其他表格一样，各种策略既可以单独实施，也可以组合实施。

表 9.2 中的策略应有助于数据质量团队确定变更路线图及其大致时间表。通过这些可以进行变更影响的评估，一旦知道了变更的影响，重点就会转移到如何交付变更。根据我的经验，企业通常会采取以下两种方式之一：

- 要求每个变更者为其项目的数据质量工作提供资金。
- 在内部或通过合作伙伴保留少量数据质量开发能力，以便实现一定程度的变革。

如果能够保留一部分固定的任务处理能力，数据质量团队就会轻松得多。如果没有这些空余能力，数据质量负责人就必须说服每一位变更负责人，为数据质量提升找到预算，而一旦预算紧张，这就会成为一项挑战。任何对变更负责人的核心目标（完成变更）没有直接贡献的活动都会被放弃，这就导致了系统现状与数据质量规则之间的不匹配。从中期来看，这将引起新的数据质量问题，并增加未来所需的投资。最佳做法是提供长期固定的研发能力以覆盖项目 80% 左右的常规需求，而那些大项目需要申请额外预算或资源以满足其需求。通常，长期固定的产能可以作为组织年度预算的一部分。或者，也可以将其添加为商业案例的影响对象之一。

一旦就如何进行变更达成共识，就可以开始更新数据质量规则。

9.2.2　更新数据质量规则

在日常工作中，创建和更改数据质量规则的管理方式必须略有不同。我们现在有一套生产数据质量规则，在项目上线之前，这些规则不得受到项目相关变更的干扰。

与任何 IT 系统一样，为了确保不受到变更的干扰，必须通过适当的变更管理流程来管理变更。

必须在开发环境中开发新规则或更改已有规则，并在测试环境中测试，然后才能发布到生产系统中。

如果数据管理员对规则负责，他们就应该审查设计文档中对规则的修改，并查看已完成的测试数据，确保规则按预期运行。

数据管理员需要参与这些评估，如果变更已进入生产系统，而他们完全不了解所负责的规则，那么对他们来说就是失职。

必须适当地向用户传达数据质量规则，以便他们理解规则变化所引起的得分变化。如果引入了新规则，规则结果报告（见第 7 章）中的新规则将会尤为突出，因为没有"上个月"的数据。对现有规则的更改会导致结果的"突变"（正或负），可能需要对此做出解释。

下面是一个可能导致结果"突变"的规则变更示例：

- 制定一条规则，检查所有产品的重量是否以千克为单位。
- 企业决定不再保留原材料的重量，因此需要过滤掉原材料检查规则。
- 此前，系统中有 50 个物料代码，其中 25 个因重量缺失而没有通过检查。
- 当时有 100 个成品材料代码，其中 10 个缺少重量。
- 检查记录总数为 150 条，不合格记录有 35 条，数据质量得分为 77%。
- 规则更改后，只需要考虑 100 个物料，因为另外 50 个物料将被过滤掉。因此，新的数据质量得分为 90%。
- 规则修改生效后，一夜之间得分从 77% 上升到 90%。

需要对这些更改进行解释，以确保用户不会怀疑是否是数据质量工具有问题。根据我的经验，如果用户不了解情况，就会提出疑问，并要求对这些更改进行调查。

在本节中，我们学习了如何确保数据质量团队充分理解影响数据质量规则的变更。我们还了解了如何确保在进行变更时充分考虑到现行的有效规则，因为用户依赖于这些规则。

下一节将讨论如何确保在内部团队的日常工作中纠正数据质量问题。

9.3　过渡到日常补救活动中

一个组织，如果刚刚完成首个数据质量方案，此时还缺乏必要的措施，将数据补救工作融入员工的日常职责。基于项目的集中数据补救结束后，缺乏将"接力棒"传递下去的有效机制。如第 8 章所述，完成特定规则下所有的错误数据修复通常并不现实，总会有一定比例的遗留工作。我们希望遗留工作越少越好，或紧急程度降低，以方便让常规业务团队接管。

本节讨论如何将该工作从项目阶段过渡到日常工作阶段，以及必须为此建立哪些机制、打下哪些基础。下面介绍成功的必要条件及如何落实这些条件。

9.3.1 · 成功的必要条件

要成功地将数据质量补救融入日常活动，需要具备以下条件：

- 充足的时间。
- 充分认识到什么是好数据、什么是坏数据。
- 业务合作伙伴（其他员工、供应商和客户）的配合。
- 进行数据补救的足够的系统权限。
- 正确的团队文化。

在后续的章节中，我们将解释其中每一个条件的重要性，以及有助于确保这些条件落实到位的提议。

1. 充足的时间

通常情况下，承担数据补救工作团队的规模并不会根据新增任务进行调整，而只是根据原先分配的日常任务来确定人数。这意味着对于该团队来说，数据质量工作往往会带来意料之外的工作量。

有时候，这个问题会自动解决。在项目级补救之前，由于数据质量问题，团队的工作量就已经人为地增加了。举例来说，如果一个应付账款团队存在汇款通知邮件地址的数据质量问题，那么供应商将无法及时收到汇款通知，并且不清楚何时能够收到付款。因此供应商可能会频繁向团队发送不必要的询问信息。若供应商能够准确地接收到汇款通知，则询问次数将减少，从而释放出团队一定的任务处理能力。

但若是情况并非如此，并且也没有可用的任务处理能力，则数据质量团队可能需要与相关部门领导进行沟通，以讨论优先级安排。他们可以提出以下观点：通过提升数据质量可以降低长期工作压力，因此值得优先考虑。

有时可能发现，需要由某个团队修复的数据质量问题，很大程度上影响着另一个团队，因此安排受影响的团队临时参与相关工作也非常有意义。

比如有一个创建客户主数据的团队，其大量客户数据中没有记录送货时间窗口（即客户经营场所开放交货的时间段）。物流团队平均每周要花费两天的时间来安排这些客户的再次送货。如果安全团队同意，物流团队可以协助客户主数据团队，让物流人员在送货失败后、与客户联系时，将送货窗口信息添加到客户主数据。

某些情况下，可能需要扩大承担补救工作的团队规模，临时雇佣合同工或咨询人员，或者雇佣长期员工。第 3 章中概述的一些内容也适用于此类情况。团队需要汇报数据质量改进的益处，来申请到额外的资源投入。

如果没有用于解决问题的可用资源，并且找不到解决方案，则可使用第 2 章中介绍的方法，即在数据治理会议上将问题升级。最高层的数据所有者们聚集在一起，可以利用他们的影响力和资源找到解决方案。

成功的下一个条件与从事日常补救工作团队的知识水平有关。

2. 充分认识好数据与问题数据

要想让常规业务团队成功完成补救工作，他们必须非常清楚地了解自己需要做什么。了解数据质量规则、导致出现不合格记录的具体原因，并且能够转化成录入或更改数据的系统操作。

例如在供应商记录系统中，记录了某个国家三个不同的税号，数据整改团队必须提供明确的指导和培训，说明正确的税号记录在哪里以及对应的格式。

以上是对知识的基本要求，我也建议向这些团队传授更深层次的知识。深度知识包括：

- 了解流程中如何使用字段。
- 了解分析中如何使用字段。
- 了解字段对合规的重要性，以及不符合规定标准对组织的影响。

大多数员工都希望与他们所工作的组织建立起联系。这种联系在具有强烈使命感的组织中尤为重要，例如有朝一日可能治愈某种绝症的医学研究。如果员工清楚地了解自己的行为如何影响组织的目标，通常就可以利用这种联系，激励他们更加努力地提高数据质量。

例如某种稀缺药品必须冷藏储存才能保持活性。如果产品不能按时送达，就会打破冷藏储存环境。此时客户场地的开放时间变得至关重要。员工明白，如果弄错了开放时间，稀缺的药品就会被浪费掉；他们会感到更强的衔接感和责任感。

这种联系也可以通过团队关系来实现。当一名员工与整个组织的同事都有良好的关系时，帮助他们认识到自己工作范围内的数据质量问题会如何影响同事的成功，能对他们产生强大的激励作用。

有时，将员工与特定目标（如数据质量目标）关联起来的最佳方式是，将其纳入员工的个人目标和经济奖励中。在我看来，这虽然是一种短期激励措施，但行之有效。

数据质量补救从来不是一项单独的活动，它需要团队之间的合作，既包括同事之间的合作，也包括第三方（如供应商和客户）之间的合作。

3. 业务伙伴的配合

通常，系统的数据维护团队需要从其他人那里收集信息。例如需要新供应商提供他们的地址和银行详细信息；采购团队也需要与供应商商议付款条件、时间等其他合同细节。这些详细信息可以交由主数据团队输入到系统中，或者在系统终端直接录入。无论哪种情况，业务伙伴对数据质量的贡献都非常重要。

因此，培训对象通常会扩大到更大的人群。但是，这些人可能每隔几年才接受一次培训，根本无法回忆起所学到的知识。因此，集中式主数据管理非常重要。

主数据管理（MDM）工具（如 Informatica Master Data Management 或 SAP Master Data Governance）可以通过精心设计的表单、校验和自动化流程，在不同团队之间一步步、有指导地收集数据。

例如供应商主数据流程可能是这样的（见图 9.1）。

图 9.1　典型的供应商主数据管理流程（简化版）

这个流程全程校验数据，并在每一个录入者出现错误时通知他们。如果下一个参与者发现数据未通过校验，可以将数据退回给前一步的参与者。

对于依赖员工提供高质量数据的人力资源主数据团队，和依赖客户准确注册的商业主数据团队来说，情况类似。

同样的原则也适用于尚未准备好投资主数据管理工具的组织。任何表单的使用（即使只是 Microsoft Excel 表单）都应包含尽可能多的校验，并指导用户如何输入内容。应该向所有相关方解释说明这个过程，并要为先前的录入者提供退回表单纠正错误数据的机会。

4. 足够的系统权限以进行补救

有时候接手日常补救工作的团队，现有的访问权限可能不足。例如他们可能只有创建或修改单个记录的权限，如能拥有批量修改的管控和测试权限，会使补救工作更有效率。

当本就繁忙的团队被分配额外的补救任务时，必须尽可能地为他们的工作提供方便。我的意思是，他们不应该为了访问权限之类的问题，特意向系统所有者提出个别请求。这样的需求应该在团队层面上进行组织，并且在开始额外工作之前获得批准。某些情况下，可能必须变更创建和更改数据的控制策略，来适应所需的工作节奏。

为了控制风险，确保错误不会影响大量记录，可能原先只能由技术支持团队负责批量修改，主数据团队没有这个访问权限。而现在如果给更多的人放开批量修改功能，风险其实也仍然可控，只是控制措施可能会有所不同。团队领导可能需要对更改日志进行升级，或者在更改实现之前需要主管审批。

5. 正确的团队文化

这是一个相对宽泛的成功条件，也许不太适合放在一本名为《数据质量管理实践手册》的书中，但仍然很值得一提。在这里，正确的文化指的是以下内容：

- 团队对数据质量充满热情并感到自豪。
- 团队认为他们对数据具有掌控权。
- 将团队中出现的错误视为学习机会。
- 团队愿意为组织的利益做出必要的妥协。

要达到这个目标并不容易，需要有出色的领导能力。我有如下建议：

- 庆祝团队取得的进展，并与最终成效相关联。例如，我们通过优化产品主
  数据为客户提供了优质服务，就让商务团队在团队会议上讨论取得的成效。
- 将数据按特定元素分配给特定的人员或子团队。例如，你的团队负责资产
  主数据，可以将它细分为计算机、家具等不同类型，并给每个团队成员分
  配一种类型，让他们展示自己的进展和面临的挑战。
- 在员工试图修正数据却发生失误时，确保他们无论在公共场合还是私下讨
  论中都能感受到支持。例如表扬他们指出错误的勇气、为纠正错误或预防
  再次出错的举措。同时，公开进行对错误的讨论也很重要，因为团队中的
  其他成员很可能也会犯类似的错误。
- 有时候，有些人不愿放弃既有的工作方式。例如主数据团队的某位成员可
  能更喜欢通过复制相似的现有记录来创建新产品，而其他人可能更喜欢从
  头开始创建新数据。如果公司发现使用复制功能创建的记录出错率较高，
  最好叫停这种做法。在一个拥有正确文化的团队中，如果员工关心团队的
  整体绩效，他们会做出这种改变。

文化可能是前述要点中最无形的一个，却可能带来最具影响力的结果。

本节我们讨论了常规业务团队成功开展数据补救工作所需的各种条件，接下来的章节将
会介绍如何为成功过渡制定计划。

9.3.2 为成功过渡进行规划

如第8章所描述，如果管理得当，在数据补救项目阶段，会建立一系列支持机制。这些
机制包括治理主体、管控汇报的流程（高层领导可以随时了解状态和进度）、风险和问题管
理以及正式计划（通常由项目经理领导）。在数据质量补救阶段结束时，所有这些支持都可
能会终止，或至少大幅减少。

正如之前提到的，不可能完全解决所有问题。通常情况下，我们需要与客户、供应商或
其他第三方联系，逐一纠正剩余记录。这些问题将转移到常规业务团队中进行处理，但不再
会有之前密集的支持了。那么企业应该如何管理这些问题呢？

回答这个问题的首要任务是提前规划。我们需要制定一个计划，记录下实现以下目标所
需的活动：

- 记录所有剩余的数据质量问题。
- 识别负责的常规业务团队成员。
- 组织知识转移环节。
- 建立常规业务状态报告制度。

接下来的部分将逐一说明这些目标，以及实现目标所需的条件。

1. 记录遗留问题

在数据补救项目阶段，我们会深入思考每个数据质量问题的最佳解决方法。随着补救工作的深入，我们还会不断学习和积累经验，这些都将有助于进一步完善我们的思考框架。将这些学习和经验记录下来，可以确保组织能够从中持续受益。

一旦某个数据质量问题开始恶化，就可以利用这种思维迅速采取行动。首先应收集以下关键信息：

- 问题的现状：一开始有多少不正确的问题记录，已修正多少，还有多少仍然存在问题？在剩余的问题中，是否有比其他问题优先级更高的问题（例如记录的有效性）？
- 选择的补救方法（参见第 8 章）是否达到了预期的效果？
- 针对补救活动的下一步建议。如果选定的方法没有达到预期效果，是否已经就替代方法达成共识？最初的方法是否已经足够成功，现在需要采取其他方法来处理剩余的记录？这一点非常关键，因为我们需要对补救进度有一致的步调。需要预测未来进展，以便随着时间的推移对其进行评估。

表 9.3 是我之前在一家机构工作时的真实案例（请注意，不合格记录数和分数可能不准确，因为我只能获取到当时工作期间的信息）。

表 9.3　过渡期间数据质量问题的文件范例

信　　息	示　　例
数据质量问题	客户是有层级关系的，例如多家医院可能隶属于一个集团 要确定医院所属的集团，需要一个外部标识符，但大多数客户没有外部标识符，或外部标识符不正确

（续）

信　息	示　例
问题现状	问题的起点是 45% 的数据质量得分，表示有 5000 个没有有效身份证件的不合格记录 在数据补救项目阶段结束时，仍有 400 条记录的身份证件 ID 缺失或不正确
修复方法	将客户数据（包括 5000 条失败记录）发送给收费的第三方，与他们的数据库进行匹配，并返还 ID 这种方法效果很好，但有 450 条记录无法与第三方数据库匹配。还有 50 条记录，我们通过直接联系客户进行了纠正，因为他们是在过去 6 周内下单的客户，所以需要优先修正
建议的后续步骤	现有客户数据中，有 450 条无法匹配的记录还需要改善，尤其是姓名和地址，必须先修正才能与第三方数据库进行匹配 我们已经直接联系了 50 位优先客户，以获取所有遗漏或不正确的数据，包括所需的身份信息 在 400 条未通过规则校验的记录中，只有 200 条是在过去 3 个月订购产品的客户。我们将逐一与这 200 条记录对应的客户联系 对于剩下的 200 条记录，我们将在客户关系管理系统中进行标记，并在下次提交订单时，通知他们补齐缺失的数据 这剩下的 200 个客户预计将以每 4 周 25 个的速度得到改善，不过预计剩余 75 个客户可能不会再提交订单，这是根据客户订单的平均速率计算出来的

前面的这个案例很有价值，它揭示出一部分客户记录，除了 ID 丢失或错误外，还存在其他数据问题。姓名和地址数据的准确性问题显然将导致与第三方数据库的不匹配。这是在使用第三方数据库时的一个典型复杂问题，我们可以据此发现更广泛的数据问题。

一旦完成了这种详细程度的文件记录，下一步就是确定谁来负责常规业务问题的处理。

2. 识别常规业务团队

在补救项目阶段，通常会从常规业务团队中抽调一两名成员参与整改工作。例如在一个拥有 10 名付款分析师的团队中，可能会有两名分析师被临时指派处理数据质量问题。

这并不一定意味着这个团队将来会永久负责这个问题，有些组织会决定由一个专门团队（例如卓越运营团队）在未来承担数据质量问题。其他一些情况下，可能希望由某个已有团队负责某个问题，但这些团队可能因为资源水平不足或专业知识不足等原因拒绝这项工作。

我很难在本书中提出解决这个问题的建议。每个组织的问题都有所不同，需要根据具体情况处理。一般而言，如果团队认为自己应该负责解决问题，但有无法解决的原因，那么数据治理会议应该能提供帮助。可以将问题升级给那些能够帮助消除阻碍的人。

在这个阶段，最佳行动方案是识别所有无法找到负责人的数据质量问题，并在数据质量会议上提出这些问题。最佳行动方案也可能认为目前无法解决某些问题（换句话说，企业要接受风险），而需优先解决其他问题。但是至少要有一个文件记录留底，可以解释哪些问题应该继续推进，哪些问题被认定为接受的风险。

一旦确定了负责工作的团队，下一步就是要确保他们掌握取得成功所需的所有知识。

3. 知识传递环节

如在前一部分中提到的那样，常规业务团队很可能在补救工作中发挥了一定作用。

这种方式具有天然优势，这样可以确保团队中有熟悉当前活动和方法的专家。不过，仍然有必要将知识完整地传递给团队中的其他所有成员。

通常，完整补救阶段无法完成的活动是那些需要逐条修正的记录。业务团队的每个成员都必须参与日常修复工作。他们需要在日常工作中利用一切机会纠正记录中的数据问题。例如付款分析员每次打开供应商记录（如查询采购订单上的承诺级别）时，都应检查该记录是否在不合格记录清单中，是否可以与他们的主责工作一起协同修正。

如果团队成员从来没有参与过补救工作，知识传递就需要涵盖更多内容了，比如包括对数据质量工具和报告的全面解释，以及数据质量方案背景和范畴的介绍。

在知识传递中，可能需要技术支持，即工具和培训的访问权限。这些访问请求可能包括以下内容：

- 增加对记录系统的访问权限，以便能够修正以往常规业务团队不接触的数据。
- 数据质量工具的访问权限，以便审查团队管理的数据的质量状况，并将不合格的数据下载到"待办清单"中。

知识传递完成后，追踪是否已掌握交接过的内容也很重要。

4. 建立常规业务状态报告体系

在数据质量方案的补救阶段，通常会有正式的状态报告。而在日常工作中，可能不存在这种制度，因此数据质量状态的可见性可能会降低。可见性是确保数据质量管理成功的重要因素。如果高层领导不再接触相关状态信息（或者缺乏信息），那么工作进展可能停滞不前。

在计划完成后，我们需要重点关注数据质量状态，并思考如何向高层领导传达相关问题。根据之前的讨论，可以采用数据治理会议的形式与数据所有者和管理者沟通，也可以召开部门领导会议。如果数据质量是一个非常重要的优先事项，甚至可以将总结信息纳入董事会报告，或者每季度在董事会会议上进行审查。

在完成计划所需的所有环节之后，我们可以启动过渡计划，并期待团队能够在剩余数据质量问题上取得进展，尽管接手团队会因为其他职责而导致进展速度相对项目阶段较慢。一旦过渡完成，我们需要审视已完成工作中的关键内容，确定转型是否成功。

9.3.3　成功过渡的标志

当过渡时间持续约四周时，需要检查某些指标来确定是否过渡成功。这些指标包括：

- 补救的节奏：理想情况下，所有过渡给常规业务团队的问题，应该以"剩余问题记录"文件中的"建议后续步骤"设定的预期改善节奏逐步改进。应该从整体水平上进行进度考察，如果大部分问题的进展符合预期，只有少数问题停滞不前，相对来说不太令人担忧；而如果只有少数问题进展顺利，则需要引起重视。
- 新问题出现的概率：如果出现新的数据质量问题（例如之前得分良好的规则出现恶化趋势），这可能表明团队疲于应付包括数据质量整改在内的新任务。应该与团队负责人探讨，并提出补救措施。
- 与数据质量问题相关的业务关键绩效指标：如果已经移交给常规业务团队的数据质量规则与其业务关键绩效指标相关，并且解决数据质量问题的进展顺利，那么业务关键绩效指标也有望出现积极改善趋势。例如随着供应商付款条款完整性问题得到解决，每张发票的处理时间可能会减少。这是因为当输入发票的团队无法在供应商主数据中找到正确的付款条款时，他们需要在另一个系统中查阅合同，这需要更长的时间，并且会延长发票处理周期。

如果任何一个或全部指标都没有显示所期望的趋势，那么在某种程度上过渡可能失败了。造成这种情况的典型原因如下。

- 资源问题：团队发现新的工作负荷过大，无法将其作为优先事项，或者新项目占用了本来用于数据质量整改的能力。
- 访问问题：过渡过程中没有提供常规业务团队所需的系统访问权限，导致他们无法完成数据质量整改工作。
- 政治挑战：缺乏领导支持意味着团队不会对数据质量问题负责，未将其列入优先考虑事项。领导们对数据质量缺乏真正参与，这样的决策就更不会产生结果了。
- 参与难度：必须努力确保团队在数据质量整改等新增活动的参与度。正如之前讨论的那样，这可能需要将工作与组织的成功联系起来，或对解决数据质量问题的优秀员工提供认可奖励之类的福利。

一旦这些指标显示出积极的趋势，即可视为过渡已完成。只要数据质量团队持续公布状态和进展，并认可那些出色工作的团队，数据质量之旅就将达成一个重要的里程碑。即使转向其他优先业务领域之后，常规业务团队仍需密切监控以改善领域的数据。若不对数据进行密切监控，随着时间推移，所有数据仍会恶化。

如果能够在首个数据质量提升方案范围内实现这种"稳态"数据质量改进，则应考虑将工作扩展至组织中需要支持的另一部分。

下面将概述如何确定下一个计划并获得支持。

9.4 持续数据质量之旅

第 2 章指出，数据质量工作通常需要通过多次迭代循环推进。上一章节描述了该过程的最后一步：向常规业务过渡。

接下来我们需要重新回到起点（对于那些认为工作已经完成的人，我表示歉意），并开始在新计划中进一步确定数据质量工作的范围。

这一节描述如何实现这一步骤。

9.4.1　数据质量方案路线图

单一的数据质量方案（如第 3~8 章所述）包括一系列不同的角色，从项目经理到数据质量规则开发人员。这些基于项目的资源通常会在项目结束时，离开组织或返回到其原始角色。如果只是一次性项目，这样做没有问题；但如果项目需要多阶段，这将额外增加下一个阶段的成本，可能阻碍进展。因此，在第一个阶段完成之前，就开始确定第二个阶段的范围至关重要。

如果能够成功实现这一目标，资源可以在不同项目之间无缝转移。这样做的优势如下：

- 项目团队成员所获得的知识和经验将被传承至下一阶段。
- 入门和知识构建时间几乎为零。
- 在第一个阶段结束时，任何未充分利用的资源都可用于启动第二个阶段。例如你在规则上线后，为数据质量规则开发人员保留了一个月的规则更正时间，但若不需要更正，他们可能就空闲了下来。可以将此段时间衔接到下一个阶段中。

为了获得这些优势，在首个项目处于规则已经制定并展示但尚未施行的阶段，数据质量负责人必须开始筹划下一个阶段工作。这样一来，整个投产和整改阶段都可以用来给新提升方案定义范围并筹划启动工作。

理想情况下，应该明确一个完整的数据质量方案路线图，包括 18 个月甚至更长时间范围内的各项计划。这样有助于组织将这些计划纳入其预算周期中，从而在创建项目时能够分配到预算，而不必总是申请全新支出。通常情况下，很难在预算外获得资金支持。

9.4.2　确定下一个方案

在第 5 章中，我们解释了如何从业务目标出发，并将其与数据质量问题联系起来。完成这项活动时，通常会识别出几个面临数据质量挑战的领域，并优先考虑将其中的一个或几个纳入下一个方案。

这意味着由于某些原因应该还有一些其他高优先级的领域未被纳入改进方案中，比如当时缺乏相关方支持的领域等。现在可以重新审视这些业务领域是否已经准备好被纳入下一步方案。实际上，非常需要与这些业务领域的相关方保持定期交流（例如每月）以确保数据质量仍然是他们的关注重点。这也是数据质量负责人角色的一部分职责：为下一个业务领域做好充分准备。

举例来说，在之前所在的组织中，我曾参与完成了针对客户、供应商和财务数据的改进计划。在数据发现阶段，我们发现人力资源和产品数据也需要关注，但目前两个业务领域都还没有准备好进行改进计划。我们定期与两个团队的负责人会面，并就为开展改进计划所需预算来源、可能涉及哪些人员，以及启动改进计划前需要具备哪些先决条件达成共识。当我们第一个改进方案结束后，很容易就能够与这两个团队接触并开始下一个改进方案。由于当时人力资源团队存在更明显的数据质量问题，所以他们首先参与了下一个方案计划。

互补的方案

如果下一个数据质量方案与第一个计划有重叠，有时会产生更大的效益。如果第一项方案包括供应商数据，而另一项方案有可能涵盖合同数据和采购订单数据，就有可能产生协同效应。以下是一些例子：

- 利益相关方对该业务领域已经具备了较高的了解。
- 第一个方案中纳入的数据可能对第二个方案非常有价值。例如在第一个方案中，供应商的"非活动数据报表"（见第7章）使用过采购订单数据。我们可以重复使用现有集成，并通过在新项目中开发规则来处理这些数据。
- 现有规则因补充数据而得到加强。如果存在一条规则用于检查供应商付款条件是否为"立即付款"或缺失，可以将该规则改进为付款条件是否与合同中相符。这会是一个更好的规则。
- 下一个业务领域的数据可能来自于与第一个方案相同的某些系统。在这种情况下，已经建立好的系统访问权限和集成模式能够节省大量时间。

在选择下一个业务领域时，应考虑到以上这些优势。

在向下一个业务领域推荐参与新方案时，由于先前进行过沟通，他们有可能表示支持，不过你也有可能遇到阻力。接下来我们将详细说明如何通过首次方案中所完成的工作，来获取相关方对后续方案的支持。

9.4.3　获取支持

数据质量负责人必须努力去争取所需的支持，即使在一个存在数据质量挑战的业务领域，也需要具有一定说服力才能获得方案的认可。

后续方案通常由于以下几个原因更容易获得支持：

- 在完成或部分完成首项方案后，就可以向新业务领域的相关方以报表的形式展示一套数据质量规则。在演示报表的过程中，这些报表通常会给人留下深刻印象。我曾经在某家企业的会议换场间隙遇到了一位非常资深的领导。我在楼梯间花了两分钟向他展示了首项计划的数据质量仪表板。即使是如此短暂的演示也引起了他的注意。他支持我们在他所管辖的领域启动数据质量计划，尽管他开玩笑说以后在楼梯间会避开我！
- 如果计划进展顺利，应该有可能让业务相关方与你共同展示。这样的展示通常会非常有力，因为他们可以阐述收益，并被视为提供了更独立的意见。
- 在这一阶段，需要花费大量精力来识别工作效益。这些潜在效益将通过数据质量报告得到验证。

理想情况下，有了这些信息的帮助，后续方案要比第一次更容易获得支持。

9.4.4　如果后续方案没有获得批准，该怎么办?

有时，当组织经历意想不到的变化时，之前得到大力支持的方案可能会过早结束。这类情况包括：

- 董事会层面的重大变化（例如首席执行官的更换）。
- 重大的经济压力（例如成本增加或收入/利润减少）。
- 监管或政治变化（例如英国脱欧）。

在这种情形下，数据质量方案往往被列为需要尽早终止的计划之一，因为其效益通常不那么明显，也更难证明（第 3 章已详细解释过）。

如果数据质量方案在首次迭代后就终止了，那么数据质量负责人的责任就是确保首期方案的遗产得到保护。这需要做到以下几点：

- 与常规业务团队合作，确保他们能继续监控数据质量。
- 确保应用管理和支持团队了解相关工具，并在源系统更新时进行必要的修改。
- 与首次方案所涉及领域的数据所有者和管理者合作，确保他们在监控数据状态，并与常规业务团队、应用管理和支持团队持续合作，保证数据质量方案的正常执行。

现在，让我们总结一下本章内容。

9.5 本章小结

本章介绍了在完成预算内数据质量方案的主体工作后，围绕数据质量还需要做哪些工作。了解了导致数据质量问题反复发生的原因，以及如何最大限度地减少此类问题的再次发生。还需要知道的是，随着时间的推移和业务的变化，需要跟上业务变化并有效管理规则的基线。将数据质量补救工作从完全基于项目的管理流程，过渡到"日常工作"，是一个非常有挑战的工作。还需要记住的是，从单一项目过渡到长期规划路线图，才能全面改善企业的数据质量。

至此，我们已经完成了整个数据质量改进周期介绍。在最后一章中，我们将重点介绍数据质量工作中的关键最佳实践和最常见的错误，并探讨未来几年创新对数据质量领域的影响。

10

最佳实践和常见错误

有机会撰写一本关于数据质量的书，让我对自己在多个不同组织和行业的工作进行了反思。这促使我找出不同方案之间的共同点，并集中精力思考哪些方案进展顺利以及原因何在。反之，我也不得不反思哪些地方做得不够好以及问题何在，这是一次有点痛苦的经历！

在这个过程中，我总结了几个可以重点介绍的最佳实践。此外，针对那些没有纳入常见主题的举措，我也一一举例说明。

整本书都在介绍各种最佳实践和常见错误。书中其他部分已有的内容本节无须赘述，但我认为有必要将所有内容集中在本章中。还有一些其他章节没有提及的全新内容。

种种情况表明，之所以选择这些最佳实践或常见错误——无论是积极的还是消极的，是因为它们是方案成功的关键。

最后，分享了未来颠覆数据质量领域的一些新技术。

因此，本章将涵盖以下主题内容：

- 最佳实践。
- 常见错误。
- 数据质量工作的未来。

10.1 最佳实践

本节的难点在于强调选择最有价值的最佳实践。为了选择这些最佳实践，我们制定了如下标准，并根据这些标准对每项最佳实践进行评分。

10.1.1 选择最佳实践

本章选择的标准如下：

- 影响程度：最佳实践对计划成败的影响程度。得分较高的最佳实践至关重要，如果不实施这些最佳做法，质量提升计划将面临失败的风险。
- 可实施性：最佳实践立即付诸行动的难易程度。得分较高的最佳实践在无须烦琐准备工作的情况下立即引入。
- 重复性：这一因素是为了评估哪些最佳实践在之前的章节中已经涉及。得分较高的最佳实践在之前的章节中只是顺带提及，或者根本没有提及。
- 现有实例的质量：这与最佳实践的具体程度有关。得分最高的最佳实践通常有多个好的例子来自圆其说。
- 与其他最佳实践匹配度：各个最佳实践之间是相互关联的。有些最佳实践得分较高，因为它们对于巩固全局非常重要。

根据这些标准，对每项最佳实践在 1 到 10 之间打分，其中 10 分为最高分。这项工作的成果就是下面的清单，接下来将对其进行详细介绍：

- 重点从源头管理数据质量。
- 举行支持性治理会议。
- 将数据质量纳入全组织教育计划。
- 利用数据管理员和生产者之间的关系。

上述几个最佳实践都是新的，到目前为止还没有重点介绍过。在本节"最佳实践"的末尾，表 10.4 汇总介绍了本书其他章节提及的最佳实践。

10.1.2 主要从源头管理数据质量

在本书中，我们始终假定数据质量都是在最初的源系统中进行评估的。初始源系统是创建数据的系统。例如供应商的发票首先在 ERP 中创建，ERP 系统就是这些数据的最初来源。

然而，在许多组织中，数据质量是根据次级来源评估的。次级来源是从初始来源接收数据的系统，并不是数据的真正源头。

次级来源可包括将数据用于其他流程或分析的系统。例如数据仓库会从多个初始源系统中获取数据，并将其组合起来进行分析。通常情况下，次级来源会在使用数据前对其进行某种转换。这可能会掩盖数据质量问题，在某些情况下甚至将数据质量问题恶化。

例如一家企业需要建立一份报表，显示销售渠道的分析。需要分析的一个关键维度是销售人员的业绩。该组织希望了解，拥有不同的经验水平和背景的销售人员，销售成功率的差异。遗憾的是，我发现源数据中很大一部分销售数据都缺少销售人员的姓名或没有任何其他识别属性。为了满足这一要求，我使用了客户所在地信息，并将其映射到每个销售人员所覆盖的地理区域。最终我对客户表示，这样做的结果是准确率将达到 95%，有时由于缺乏人手，在某个地区的销售会由另一个销售人员替代。但这足以满足要求了。

数据工程师、数据科学家和数据可视化专家每天都要面对数据质量问题。这在分析领域非常常见。根据我的经验，这些数据质量问题很少被报告。从事这些工作的人无一不展现出卓越的创造力，他们掌握着很多可以巧妙转换数据的工具。比起等待源数据质量问题的解决，一个变通方法（就是我在这个例子中的做法）要快得多。我的例子不值得提倡（你可能会说我应该更清楚问题所在），以免这些变通方法被滥用。我知道这样做会出现一些小误差，并向听众说明了这些误差，但不是每个人都了解背后逻辑。

在我的例子中，只在数据的次级来源（数据仓库）中消除了数据质量差距。与此相关的风险如下：

- 数据仍从初始来源用于其他次级来源（其他数据仓库或需要数据的其他系统）。
- 次级来源中的数据"修正"可能不完整或具有误导性。在次级来源中可能搞出一些初始数据源不可能出现的情况。

应用于次级来源的修复往往是临时性的。以下是一些可能导致问题的情况：

- 只纠正某一点数据质量问题。例如在发现问题时，有一组数据是不正确的，因此只纠正了这组数据。从创建不合格数据列表到修复过程结束可能需要几个月的时间。在这段时间内，运营流程可能会持续产生大量的新的不合格记录，从而导致修复失败。

- 仅在总体层面上起作用的修复措施。例如与供应商的交易中有一定比例的"支出类别"未被记录。为了解决这个问题，每个供应商都有一个总体分类（例如咨询、资本采购、差旅等），所有交易都分配到这个类别。这样就可以在总体层面进行报告，即大致了解组织在不同类别上的支出情况。但这并不能实现供应商或类别层面的报告。这种报告需要更高的精确度。在现实中，许多供应商会提供不同类别的产品或服务。

不建议直接修正次级来源中的数据。但必须认识到，有时确实需要对次级来源数据进行修正。在前面的例子中，我是这样做的，报告的截止日期很紧迫，我能提供的水平足以满足要求，向受众清楚地解释了不准确的地方。最后，也是最重要的一点，报告了初始来源中的数据质量问题。对问题的整个生命周期进行了跟踪，直到问题得到解决。使用初始来源的销售人员数据重新设计报告。在这种情况下，纠正次级来源数据的临时解决方案是可以接受的。

在一些组织中，相比初始来源，监控次级来源数据质量的做法在一些组织中非常流行。这是因为次级来源（作为数据仓库）包含大量不同来源的数据。这种方式将减少不同初始来源和数据质量工具之间的集成量。

本节介绍的最佳实践旨在帮助你了解为什么初始来源非常重要。数据应在初始来源中进行监控和修正，然后向次级来源提供无须转换即可使用的高质量数据。转换的减少将使数据工程师、科学家和数据可视化专家的工作效率大大提高。

对次级来源中的数据进行监控同样具有一定合理性。不过，这种监测与本书所述的监测有很大不同。次级来源所需的监控包括以下内容：

- 检查数据是否完整。所有加载数据源的工作已成功完成。如果每个国家都有不同的销售数据源，并且每24小时运行一次，那么任何数据源的故障都会导致报告中使用的数据出现缺口。
- 检查数据的格式是否正确，例如包含日期和时间的字段格式是否被设置为datetime类型。
- 检查转换工作是否正确运行。这些工作用于从数据源获取原始数据，并为报告做好准备。

最后这一点与本书中概述的数据质量有着直接的联系。在第2章中的数据质量维度部分，我们介绍了一致性维度。数据仓库中的数据转换工作存在引入意外数据质量问题的风险，如数据重复或缺失。因此，在评估数据仓库中的数据时，应用一套一致性规则非常有价值。

总的来说，数据的评估和修正应始终优先在初始来源系统中进行。

10.1.3　落实支持性治理会议

第 2 章的一个关键部分是概述了在数据质量方案中可能需要与之互动的所有角色。最好的做法是找到人来履行这些职责，即使是非正式的。

第 2 章未提及的内容是需要召开各种治理会议，确保以有效的方式将这些角色的人员聚集在一起，推动组织的数据质量议程向前发展。接下来将深入介绍这一点。

1. 治理会议的作用

你可能想知道为什么需要召开数据质量治理会议。数据质量工具已经能有效地报告数据状况，并针对每个可操作的问题生成一份问题记录清单。每个看到数据质量报告的人都能得出结论并采取行动。

这是事实，但治理会议仍然至关重要。它们能确保以下几点：

- 评估数据质量风险和问题，并适当采取行动。
- 将重大风险和问题上报给组织内更高级别的领导人。
- 组织应对数据质量问题的方式应保持一致。例如所有部门都将数据质量问题提交给同一小组，并对其采取相同的流程和行动。
- 在流程或行动不明确的情况下，相关人员参与工作组，寻找前进的道路并分享最佳实践。

如果不召开数据质量治理会议，数据质量风险和问题就无法得到妥善解决，至少错失一次在组织中参与数据质量工作的机会。

即使参与度很高，如果不加以协调，也会导致效率低下。如果数据质量补救活动包括联系供应商，以获取缺失或不正确的数据，最关键的是，最好只联系他们一次。如果不同的团队为了寻找不同的信息分别联系他们，就会使组织看起来混乱且低效。另外，在联系第三方收集大批量数据时，尽可能一次请求完整。

例如财务团队和采购团队都在收集缺失的供应商信息。财务部门需要供应商最大信用额度建议，而采购部门则需要详细的联系方式和供应商等级信息。如果采购部门决定向第三方支付缺失数据的费用，那么就可以很容易地将额外的财务要求合并到请求中，而且费用可能只会增加一小部分。如果两个职能部门单独与第三方接洽，那么结果可能是总费用比协调接洽所需的费用高出一倍。还有一种可能是，一个职能部门与第三方接洽，而另一个职能部门直接与供应商联系。这两种情况对组织来说都不是好的做法。

在简要介绍了与数据质量治理团队相关的潜在好处和风险之后，现在是介绍各个团队详细信息的时候了。

2. 推荐的数据质量管理团队

表 10.1 列出了推荐组建的数据质量管理小组，介绍了各自的成员和作用。为简洁起见，数据质量一词在下表中简称为 DQ。

表 10.1　典型的数据质量管理小组

小　　组	角　　色	成　　员	输　　入	输　　出
DQ 指导小组（季度）	监督所有 DQ 活动，并做出关键决策 在组合层面开展工作——监督所有阶段、每一项积极的 DQ 举措 讨论由其他机构或数据所有者上报的数据质量问题和风险 更广泛的小组（如数据治理指导小组）可能包括该组议程而不是成立一个单独的小组	首席数据官（CDO）（主席） 数据治理领导 DQ 领导 数据所有者 数据管理员 （邀请制，取决于讨论的问题范围）	升级的 DQ 问题或风险 任何活动计划的状态报告 最新数据质量仪表板的解释（如第 7 章中描述） 组织优先级的变化可能影响 DQ 活动的方向和范围	决定 DQ 计划的范围 实施和支持供应商及工具的选择的最终审批 管理当前 DQ 问题和风险的行动计划 为成员提供财务预算
DQ 工作组（每两周一次）	审查数据质量提升方案组合，以便加强协调 确保对数据质量问题和风险有适当的反应，并上报需要执行的关注点 讨论补救措施的优先级，并确定改进数据的方法	数据管理领导（主席） DQ 领导 数据管理员（如果正在讨论对其所在领域至关重要的问题，数据所有者可应邀参加）	任何活动计划的状态报告 最新数据质量仪表板的解释（如第 7 章中描述） DQ 问题和风险日志	需要上报的关键 DQ 问题和风险入围名单 确定 DQ 计划范围的建议 实施和支持供应商及工具选择的建议 商定的补救方法，以及确定时间表

（续）

小　组	角　色	成　员	输　入	输　出
DQ 项目指导组（每月）	管理进行中的单个 DQ 计划 该小组旨在确保该计划按时、在预算内实现既定目标	DQ 领导 项目经理 参与计划的数据所有者和数据管理员 DQ 架构师	计划的状态报告 计划的具体问题和风险 计划实际支出与预算的比较	需要进一步上报给 DQ 工作组或 DQ 指导小组的问题清单和风险 达成一致的为减轻计划潜在问题和风险的行动清单 为响应状态报告中的进度、预算或质量问题而商定的行动列表 批准或拒绝的方案变更申请
DQ 项目例行会议（每周）	管理单个进行中的 DQ 计划的日常活动 该小组旨在支持计划的所有成员实现按时完成项目计划中的活动并达到适当的质量水平	项目经理 DQ 架构师 DQ 开发商 DQ 测试人员 数据管理员（在面向业务的阶段，如设计和测试）	计划的状态报告 计划的问题和风险 任何相关的计划文件，如已经完成的测试报告	准备变更申请，以满足计划范围的变化导致增加预算的变更 商定行动计划，解决阻碍团队成员进展的问题 整理要上报给 DQ 指导小组的问题和风险清单

在会议名称后的括号中列出了推荐的会议召开频率。不同的组织会有不同的建议，但根据我的经验，这些建议很有代表性。

每个组织的情况都不尽相同，可以对建议清单适当调整。重要的是，"角色"一栏中列出的所有活动都应由已设立的各个小组负责。这些活动在不同小组（或此处未列出的其他小组）之间的分配并不重要，但覆盖范围很重要。

数据质量指导小组尤为重要。该小组由利益相关方的几位高级经理组成，其中包括 CDO 和数据所有者。他们非常了解组织内正在发生的事情，以及方向和战略的变化可能对数据质量产生的影响。因此，他们有责任确保在工作重点发生变化时，数据质量工作能适当地改变方向。

例如当政治变革发生时（如英国脱欧），必须做出反应。在我工作过的一家企业，英国脱欧导致需要在荷兰建立工厂，以继续无障碍地进入欧盟市场。这就需要对 ERP 数据进行重大修改，并制定一系列新的数据质量规则，以确保数据的正确性。这方面的任何数据质量问题都可能导致监管问题和产品进入市场的延误。在这种情况下，指导小组有责任明确这一要求是重中之重，并授权团队成员降低其他工作的优先级，以支持这一新的优先事项。

如果没有这个小组以及表 10.1 中列出的所有其他小组，数据质量工作很可能会失败，至少效果会大打折扣。

本节最佳实践概述了设立这些小组的作用，以及这些小组应负责的活动。下一个最佳实践是关于如何确保整个组织对数据质量有较高的认知和兴趣。

10. 1. 4　将数据质量纳入全组织教育计划

现代组织中的绝大多数人都会以某种方式与数据交互。有些人在生产数据，有些人只是在使用数据。无论哪种方式，数据质量团队都需要向每个人传达简单明了的信息，让他们了解自己在数据方面的行为。

每个组织都有自己的培训计划。我相信每个人在阅读本书时都接受过以下主题的培训：

- 反贿赂。
- 反洗钱。
- 利益冲突。
- 健康与安全。

一般来说，每个人至少每年要完成一次培训，所有新入职的员工也要完成培训。除此以外，组织通常还会为员工安排针对特定角色的培训。例如在财务结果和财务状况曝光之前，已掌握相关信息的财务专业人员会接受有关避免内幕交易的深入培训。在实验室工作的员工将接受关于如何完成必要测试的培训。

最佳做法是在培训组合中增加数据质量培训。应该有两种类型的培训：

- 针对所有员工的通用培训。
- 为担任特定职责的员工（数据所有者、数据管理员、数据生产者等）提供针对角色的培训。

本节其余部分，将概述培训的目的以及培训应传达的关键信息。

1. 通用培训

为整个组织员工提供通用培训可能是一个有争议的话题。有些人会提出以下观点：

- 为每个人提供培训对组织来说成本太高，因为这会占用很多人的时间。
- 有证据表明，许多人快进完成通用培训，只是为了完成任务，而不是学习重要的知识。
- 通用培训通常是为遵守法律法规而准备的，像数据质量这样的主题并不属于通用培训的范围。
- 数据只对从事数据工作的人重要。

上述论点，有些是有道理的。我尤其同意第二点，即员工并没有像组织所希望的那样重视通用培训。人们在完成培训时往往只是在名单上"打勾"。对此，我的建议是，数据质量通用培训应非常简单，这一点我将在下文中概述。

不过，我完全不同意最后一种说法，也是最常听到的一种说法。数据并不只是那些以数据为重点工作的人的专利。这些人需要接受更深入的培训，但我认为，每个人都需要对数据感兴趣，组织才能成功地改进数据质量。

你可以从组织的任何角色中找到其与数据的联系。下面是一些这方面的例子：

- 每位员工都有责任确保其数据的准确性，如银行信息、地址、紧急联系人等。如果员工在输入数据时不够谨慎，就会降低工作效率，浪费人力资源部同事的时间。
- 几乎每个角色都以某种方式与数据打交道。

下面是一些显著的例子：

- 制药公司的产品测试人员必须对产品进行检查，以确保其符合用于人体的要求。他们必须仔细记录所检测的产品（哪一批次）和准确的检测结果。有关此类数据采集的规定非常严格。
- 要求财务人员过账，从而将交易分配到总分类账目的正确部分，他们在数据准确性方面发挥着至关重要的作用。一个非常简单易犯的错误（如两个数字的换位）可能会造成严重的负面影响。

- 人力资源专员在对工资数据进行非常规修改时，必须非常准确地输入数据，以避免对员工或组织造成不良影响。

下面是一些不太明显的例子：

- 大楼接待员，负责记录进出大楼的客人名单。在发生紧急情况时，该记录非常重要。此外，他们还可能负责发放访问凭证，使人们能够凭证进入他们需要进入的区域。如果这些凭证没有被正确激活，就会浪费员工或访客大量时间。
- 营销经理通过各类媒体组织营销活动。营销经理通常负责申请在组织系统中增加新的供应商。他们还需要能够查看目标受众的参与情况，以评估营销活动的效果。

通用培训是一系列更广泛活动的一部分，这些活动有助于在组织中建立支持高质量数据的积极文化。培训可能不会改变每个员工的行为。有些人可能只是"点一下"就通过了培训。不过，即使只有25%的员工能够掌握要点，也会明显提高他们对数据质量重要性的认识。

通用培训具有以下特点，见表10.2。

表 10.2　通用培训的目的和关键信息

目　　的	关 键 信 息
提高低质量数据对组织影响的认识	最好有 CDO 或首席执行官的介绍 数据质量的定义 举例说明培训对组织的影响，数据质量规则和报告如何提供帮助 举例说明每个角色如何对高质量数据负责 举例说明糟糕的数据质量如何对员工及其同事的体验产生负面影响 以下是一些有关数据的基本规则： ● 提出你发现的数据问题 ● 当你不知道在系统中输入什么内容时，请寻求帮助
让每位员工掌握如何报告数据质量问题	说明组织在数据质量方面正在采取的措施 解释数据管理员的作用 提供各领域数据管理员名单的链接，以及他们在处理数据质量问题之前需要获得哪些信息

培训时间不应超过 15 分钟。对于某些组织来说，会议可能包括前面提及的其他需要培训的主题，培训的时间可能会更长。

下一节将解释针对特定角色的培训应包含哪些内容。

2. 针对特定角色的培训

针对特定角色的培训应更加详细和具有针对性。培训主要针对各种分支角色（如第 2 章所述）。通常不会为中枢类角色（如首席数据官等）进行数据质量培训。此类角色通常只有少数几个人，而且是由具有丰富数据质量经验，并负责制定数据质量提升方案及其相关信息的人员担任。

针对特定角色的培训的目的，就在于确保这些分支角色的人员获得关于数据质量的一致性信息。

针对特定角色的培训具有以下特点，见表 10.3。

表 10.3　特定角色培训的特点

目　　的	关 键 信 息
解释数据治理组织的中枢分支模式，以及每个角色如何在其中发挥作用 对数据所有者、数据管理员等进行同样的培训	概述"中枢"和"分支"之间的区别 对每个发言小组的总体期望 他们可以从中枢团队获得的支持 上节最佳实践中概述的治理会议 模式中每个角色的职责概述
深入解释特定角色 主要根据特定角色（例如数据所有者）而量身定制	培训应针对特定角色的详细介绍（该大纲见第 2 章中的不同利益相关方类型及其角色部分） 培训结束后，每个人都应该清楚如何帮助组织提升数据质量

衡量数据质量培训计划的成效确实是一项艰巨的任务，但我观察到，在那些实施过培训计划的组织中，许多看似微不足道的细节证明了培训的成功。

这种情况在数据质量方案进入测试阶段时最为明显。这一阶段通常需要数据管理员和各分支团队中其他业务人员的大量投入。在已经开展培训的组织中，投入的水平要低得多。他们已经了解了该计划要实现的目标以及什么是数据质量规则。他们对所需工作的参与度要高得多，因为他们知道纠正数据最终会让他们的日常工作变得更轻松。

这就引出了最后一个最佳实践，它与分支团队中的两个角色（数据管理员和数据生产者）有关，要确保正确处理他们之间的互动。

10.1.5 改善数据管理员和数据生产者之间的关系

在组织的分支部分，最关键的两个角色是数据管理员和数据生产者。如果能让这两个角色有效合作，那么数据质量工作取得成功的概率就会大大提高。

数据管理员在各分支部门中扮演着举足轻重的角色，他们的表现关乎部门的成败。如果被任命为数据管理员的人由于种种原因（通常可能是因为其现有的日常工作过于繁重）表现不佳，将严重影响该部门的整体贡献。

无论是在创建或更改记录的日常工作，还是在补救过程中，数据生产者通常是对数据有实际影响的角色。数据生产者通常也是在发现数据质量问题后，负责纠正这些问题的人。

因此，这两个角色之间的关系至关重要。他们通常是彼此熟知的人，因为他们在业务中处于相似的位置。有时，他们已经是盟友，习惯于相互支持。有时，他们可能分属同一领域的不同团队，但却不能很好地相互合作。如果是后一种情况，那么中枢角色可能需要花一些时间与这两个团队合作，以改善他们之间的互动。

他们之间的互动在以下方面至关重要：

- 数据生产者往往会引发一些数据质量问题。在输入数据时，他们可能不具备所需的知识、培训或支持，或者没有足够的时间仔细输入数据。数据管理员需要了解这一点，并更多宣传数据生产者团队为他们提供所需的帮助。

- 数据生产者团队经常被要求在现有职责之外推动数据补救工作。他们并不一定具备正确估算额外补救工作所需时间的技能，因此无法传达现有或补救工作无法按预期速度推进的信息。另一方面，数据管理员通常具备这些技能，可以从数据生产者团队获得信息，向数据所有者解释这一点。

- 当数据生产者支持的是跨职能数据时，数据生产团队通常会按职能进行细分。例如供应商数据既有采购要素，也有财务要素，而数据生产者通常位于单一职能部门内。这意味着两个不同的数据生产小组需要合作，才能提供高质量的供应商数据。这种合作往往存在问题。各个团队可能无法就数据质量问题的所有权达成一致，有些问题可能会在两个团队之间产生。在这种情况下，数据管理员的作用就是将各团队团结起来，鼓励合作。

　　数据生产者也可能参与数据质量提升方案中的设计和测试活动，数据管理员要为他们的参与提供中介服务。因此，数据质量负责人必须与数据管理员良好合作，并支持他们与数据生产者良好合作。

　　本节简要介绍了前几章中未提及的四种最佳实践。在本节的最后，我将汇总本书其他章节中已涉及的一些重要的最佳实践，作为快速参考指南。

10.1.6　本书的最佳实践

　　本书旨在为你提供数据质量管理的最佳实践。在表 10.4 中，将重点介绍那些我认为最重要的最佳实践，并标出在本书中详细介绍这些实践的章节。

表 10.4　本书中的最佳实践

最佳实践	为何重要	参考章节
跟踪取得的效益	很难估算和事先了解数据质量方案带来的益处，在实施规则后跟踪其收益更容易一些。这样做的目的是表明第一项举措确实产生了价值，并鼓励对进一步的活动进行投资	第 8 章，"跟踪收益"部分
从业务战略入手	很多组织在开始制订数据质量方案时，都会查看数据的细节，并试图找出"问题所在"。正确的做法是了解企业试图实现的业务目标并找出阻碍实现目标的数据问题。它能确保对数据质量工作产生真正的影响	第 5 章，"理解业务策略、目标和挑战"部分
仔细定义规则范围	数据质量规则只有在严格界定范围的情况下才会有效。通用规则往往会报告大量不必要的问题，造成业务用户开始忽略质量检测结果。一旦业务用户对来自数据质量工具的内容失去信心，就很难让他们恢复参与度	第 6 章，"数据质量规则介绍"部分（"规则范围"小节）
全面测试规则	与前述最佳实践相关联，数据质量规则必须产生完全准确的结果。例如所有问题数据都应显示在报表中 　　就像之前的最佳实践一样，就是要确保业务用户认为规则和报表值得信赖	第 6 章，"测试数据质量规则"小节
建立针对不同利益相关方的报告	每个利益相关方都需要在数据质量的报告中看到不同的信息 　　如果为每个人呈现的数据都一样，数据所有者就很难快速了解其所关心领域当前的数据质量	第 7 章，"数据质量报告介绍"部分（"不同层级的数据质量报告"小节）

（续）

最佳实践	为何重要	参考章节
在补救前重新确定优先次序	最初的范围将基于对预期效益的评估。换句话说，预期效益最高的数据质量规则将包括在范围内，而预期效益较低的规则被排除在范围外。这通常意味着，补救活动将根据最初分配给规则的优先顺序开展 这可能是一个错误做法，因为实际规则运行的结果可能给大家一个惊喜（例如实际问题比预期少得多），或者业务的变化可能使另一个问题变得更加重要 补救措施启动前重新审核优先级，可以避免在不重要的问题上浪费精力	第 8 章，"确定补救活动优先级"部分
预防再次发生	如果不充分了解根本原因并做出改变，大多数数据质量问题都会再次发生	第 9 章，"预防问题再次发生"部分

你可能会注意到，有些章节没有列出最佳实践。这并不意味着它们没有最佳实践。只是这些最佳实践并不像上面 7 个那样突出。

本节列出了所有希望成功推进数据质量改进方案的组织需要关注的关键最佳实践，并探讨了本书其他章节中没有提及的一些最佳实践，然后回顾了本书其他章节中的 7 个关键最佳实践。

下一节将探讨数据质量方案中最常见的错误，以及如何避免犯错。

10.2　常见错误

数据质量提升并非易事，不幸的是，许多方案都未能实现其真正的价值。在过去的 16 年中，我也经历了很多困难的时刻，犯过很多错误。我见过很多数据质量提升方案发生过如下情况：

- 超支或延期。
- 从未完成。
- 按计划交付，但由于缺乏灵活性，未能抓住实施工作中出现的机会。

本节阐述了从这些经验中学到的教训。

10.2.1　未能实施最佳实践

与最佳实践部分相比，本部分的篇幅明显较短。部分原因是，数据质量方案中的许多常见错误都与未能识别和实施最佳实践有关。换句话说，错误就是最佳实践的反面。

本节将重点介绍上一节中的两项最佳实践，并介绍错过这两项最佳实践的潜在成本。之所以特别强调这两项最佳实践，是因为如果不实施这两项最佳实践，很可能会导致数据质量工作提前结束。

1. 未能跟踪已实现的收益

首先是未能及早跟踪所取得的收益。这是一个非常容易犯的错误，因为跟踪收益所需的工作恰好在一个忙碌不堪的时候同步进行。补救活动（如第 8 章中概述的）通常处于最繁忙的时刻，大家仍处于对数据质量规则和报告的熟悉阶段，因此会有很多问题。很难抽出时间来计算收益，而且当时也感觉没有成效。要知道我们不是在计算更多的未来收益，而是在计算已经完工的收益。

然而，同时开展收益跟踪工作是必需的。为了说明这一点，我将重温第 3 章和第 8 章（收益跟踪部分）中使用过的例子。要准确计算收益，我们需要做以下工作：

- 汇款查询率（在改进汇款通知电子邮件地址数据之前和之后，针对所有发票提出的查询所占百分比）。
- 数据更正前一段时间内提出的查询总数。
- 数据更正后某一时期开具的发票总数。

这些信息也许可以在几个月后获得，但在许多情况下可能已经无法获得。例如组织可能不会主动跟踪供应商对汇款通知提出的询问次数。跟踪收益的团队需要要求采购部门支付费用，以便在数据修复前后的一定时期内跟踪这一情况，从而计算出准确的收益。

收益计算是持续数据质量之旅的基础。在许多情况下，你都要求组织放手一搏，为你提供所需的预算（因为在了解数据质量问题的严重程度之前，很难准确计算量化收益）。要想得到进一步支持以继续开展工作，关键是要能够证明第一项举措是有价值的。

2. 规则测试不够彻底

这是数据质量改进方案中最常见的错误。数据质量规则所需的测试水平远高于大多数软件所需的测试水平。

这些规则旨在指出数据的错误之处。那些负责维护数据的人有时会觉得难以接受。他们将其视为批评（而根本原因通常是缺乏时间或培训），并做出消极反应。从心理上讲，他们正在寻找某个理由来否定工具的结论。如果规则本身是错误的，而不符合规则的记录中有一部分是正确的，那么你就给了诋毁者"弹药"。在最糟糕的情况下，工具的利用率会下降到投资不再有意义的程度。

第 6 章数据质量规则的实施部分提供了确保高标准测试所需的所有细节。在本书提出的众多建议中，确保严格的测试可能是最重要的。

10.2.2　缺乏实用性

本书的目标是根据第 2 章中概述的数据质量改进周期，提供一种循序渐进的数据质量方法。大部分章节代表了该改进周期的一个关键阶段。

第 4 章故意偏离了这一结构。这种偏离是为了让人们认识到，数据质量方案并不像我们希望的那样按部就班地进行。

在启动任何一项计划之前，都需要花费大量的时间进行规划，而且你的业务案例可能取决于在某个特定日期之前交付的成果。这可能导致方法僵化，计划无法对周围发生的事情做出反应。这是数据质量方案中常见的错误，必须避免。

计划必须做出反应的实例

一项计划必须在时间和范围上都具有灵活性。可能需要灵活性的触发因素包括以下几点：

- 在设计、构建和测试一整套数据质量规则之前，发现需要补救的紧急数据质量问题。第 4 章中的"早期需要的工作流"部分详细介绍了应对方法。
- 影响整个组织的重大变革，如政治变革、领导层更迭、所有权变更、收购或市场的重大转变。
- 业务或 IT 战略发生重大变化。

如果需要及早采取补救措施，就需要重新调配资源，这可能会影响计划的全面实施。但这不应该影响计划的总体目标。

重大的组织、战略或政治变革必须区别对待。这些情况可能会完全改变原有计划的范围。如果一家公司被收购，并决定将其数据整合到组织的现有系统中，这可能会在一夜之间彻底改变原来项目的范围。考虑对旨在改善员工数据的举措的影响——如果员工人数翻番，就需要重新制定计划。你可能会选择继续开展工作，但同时将其扩展到新公司。要保持同样的范围，就需要增加预算或延期交付。最好的办法可能是减少规则的数量，但将已制定的规则同时适用于现有公司和被收购公司。如果你忽视了这一重大变化，可能会在清理现有员工数据方面做得非常出色，但在将新收购公司的数据迁移到现有系统时，就会发现依然有重大的数据质量漏洞。

业务或 IT 战略的重大变化也会产生类似的影响。如果你投资的数据质量工具与 IT 架构的其他部分非常匹配，但该架构发生了重大变化，可能需要重新考虑。企业有时会选择从一个软件供应商整体转移到另一个软件供应商（通常是在 IT 领导层发生变化时），这可能会影响到所有运行中的项目。如果所有的开发和测试工作都已完成，而且你即将推出数据质量工具，那么改变方向是没有任何意义的。但是，如果你尚未进入开发阶段，那么回顾一下所选择的工具是否仍有意义会非常有帮助。通过与业务和 IT 领导者保持良好的沟通，应该可以主动避免类似的不确定性，但重要的是，当变化让你措手不及时，你要做出适当的反应。

本书秉持的一个理念就是，数据质量工作必须与业务需求紧密结合。这既适用于刚刚介绍的常见错误，也适用于下面这个错误，即一定要实施真正对业务有影响的规则。

10. 2. 3　技术驱动的数据质量规则

为一项质量提升计划选择数据质量规则时，需要以业务战略为导向，而且质量规则需要来自重点业务需求。

数据质量工作中的一个常见错误是，数据质量或 IT 专业人员在识别和制定规则时，业务专家没有参与。当将数据质量工作视为 IT 活动时，就会出现这种情况。

这通常会导致以下结果：

- 肤浅的规则不能反映业务需求的实际情况。这反过来又会导致业务利益相关方缺乏主人翁意识和认同感。

- 注重技术的规则。
- 规则缺乏完整性。
- 规则优先级排序不正确。

表 10.5 提供了一些在不同组织中看到的信息技术驱动规则的真实案例。

表 10.5 技术驱动数据质量规则的案例

类　型	示　例	备　注
数据需要通过接口从一个系统传到另一个系统。设置数据质量规则的目的是为了识别出源数据中字段长度大于目标字段长度的数据	在供应商关系管理系统中的供应商名称不应超过 35 个字符，以便成功集成到 SAP、ERP 系统中	这不是真正的数据质量规则。这种规则可以内置于将数据从源系统发送到目标系统的集成工具中。它没有真正的业务意义
在数据仓库中识别并检查特定记录的“必填”字段，任何缺失的数据会被视为问题数据。这是为了识别 ETL 进程已经删除的业务报表所需的数据	供应商数据必须包含以下内容： • 名称 • 所有地址字段（包括邮政编码） • 税号 • 电子邮件地址	这是非常肤浅的规则。它没有考虑规则适用范围（如第 6 章“规则范围”部分所述）。例如有些小供应商没有税号，并非每个国家都有邮政编码
确定规则的优先次序，使 IT 日常活动更容易开展。使 IT 活动的优先级高于业务	实施接口或在数据仓库中转换数据的作业规则 能够改善客户体验或按时发货能力的规则没有被优先考虑	快速有效地运行固然重要，但能对组织产生“改变游戏规则”的规则，是那些对业务有明显影响的规则

为了最大化通过提高数据质量优化组织的收益，数据质量团队和业务领域专家之间必须建立密切而深入的合作关系。

下一个常见错误延续了这一主题。以 IT 为导向的方法如果没有与业务充分整合，往往会导致“一次性”活动，而不是可重复的日常业务运营活动。

10.2.4　一次性补救活动

在第 9 章中的“预防问题再次发生”一节明确指出，一次性的补救活动只能带来暂时的改善。第 9 章详述了相关细节和示例，但这是一个非常普遍的错误，为了完整起见，有必要在此重申一下。

许多组织都有这样一种文化，即集中精力开展一项活动来解决问题，然后转向另一个紧迫的主题。这对数据质量是行不通的。最初的高水平投入必须以长期、一致的方法来跟进，从而使数据质量的改进工作得以持续。

10.2.5　限制对数据质量结果的访问

数据质量不佳往往成为企业中的敏感话题。一些领导者会要求数据质量结果仅限于自己或团队中少数值得信赖的人查看。根据我的经验，这会阻碍数据质量问题的快速补救活动。

解决数据质量问题的部分动力来自于其他职能部门和区域的竞争。它还来自同行和最高领导的适当压力。如果将数据质量结果限制在少数人的范围内，那么竞争和压力就无法推动优先级的确定，进展就会受到限制。

10.2.6　避免数据质量工作中的各自为政

组织中的数据不是孤立存在的。不同类型的数据之间存在复杂的关系。例如客户数据与订单数据相关联。订单数据与产品数据相关联。产品数据与供应商（可能提供原材料）相关联。供应商和产品数据都与采购订单相关联。

在数据质量工作中，必须认识到这一点并寻找机会打破孤岛。许多组织都会针对客户数据实施数据质量方案，以改善客户体验。在一家这样做的企业中，我发现对客户体验造成最大影响的是产品缺乏快速可用性。这个问题的根本原因与产品和采购订单数据问题有关。这被认为是供应链团队的责任，但供应链团队没有任何实施数据质量方案的预算。如果商务团队利用预算帮助供应链同事改进产品和采购订单数据，客户体验会更好。

到目前为止，本章已经概述了数据质量方案中的关键最佳实践和常见错误。我希望这些内容能为你提供机会，使你的计划首次获得成功。为了使本章和本书更加完整，下一节将概述我对数据质量工作在未来几年变化的预测。

10.3　数据质量工作的未来

到目前为止，本书完全基于我在不同组织工作的经验。最后这一部分有所不同。这是我对未来 10 年数据质量工作将如何变化的理论研究和猜想。

在过去的一年里，我们看到公众对人工智能（AI）驱动的大语言模型（LLM）（如OpenAI 的 Chat-GPT）的潜力有了更广泛的认识。再加上企业对数据重要性的认识不断提高，未来我们的数据质量工作方式将发生重大转变。

本节介绍了我看到的主要趋势，以及作为数据质量专业人员，我们需要做哪些准备工作。

10.3.1　大语言模型

大语言模型是一种由人工智能驱动的能力。它们将通过互联网接触到的海量公开信息作为语料，进而对模型进行训练。这种训练和对信息的获取使它们能够对人类的输入做出有意义的回应。从本质上讲，这意味着人类可以输入请求或问题，并得到有价值、有见地的答复。

例如当我要求 Chat-GPT（OpenAI 非常成功的大语言模型）在数据治理领域内定义数据质量时，它给出了这样的答复：

"数据质量是数据治理的一个重要方面，数据治理是指对组织数据资产的整体管理和控制。数据质量特别重视确保数据准确、一致、完整、可靠，并与其预期目的相关。在数据治理的背景下，数据质量领域包括各种流程、实践和策略，旨在维护和提高组织内数据的整体质量。"

它接着答复了数据质量的所有不同组成部分，包括数据剖析、数据清理等，并对每个组成部分进行了定义。

类似的模型已经存在多年，但 OpenAI 在 Chat-GPT 和 GPT-4 方面的工作取得了巨大成功，让媒体和公众开始关注这一领域，以及如何将其应用到我们的生活中。大型企业纷纷抢先在其现有产品中添加 LLM 功能。

例如微软正在为其众多产品添加名为"Copilot"的功能。这些嵌入式 LLM 将允许用户在日常工作中利用大语言模型的功能。例如在 Microsoft Excel 中，我也许可以用自然语言写一个请求，Copilot 就能解释并为我创建公式，而不用我键入公式，如图 10.1 所示。

在图 10.1 中，我们有一个按日期和产品类型分列的简单销售交易列表。下面有一个表格，目的是汇总数据，以便我们查看不同产品类型的总销售额。

在 Excel 中，每个总计的公式都是通过 SUMIF 函数计算的，这意味着只有在满足特定条件时才会将该行计入总计。今后，可以使用 Copilot 功能写入"仅对食品的所有销售金额求和”，Excel 将自动生成该公式。

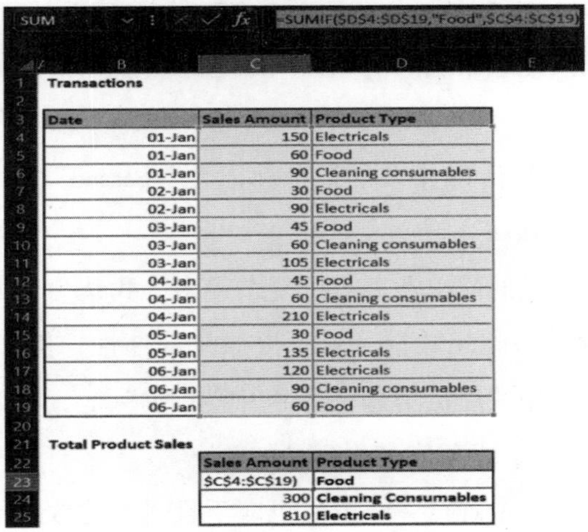

SUM　fx　=SUMIF($D$4:$D$19,"Food",$C$4:$C$19)

Transactions

Date	Sales Amount	Product Type
01-Jan	150	Electricals
01-Jan	60	Food
01-Jan	90	Cleaning consumables
02-Jan	30	Food
02-Jan	90	Electricals
03-Jan	45	Food
03-Jan	60	Cleaning consumables
03-Jan	105	Electricals
04-Jan	45	Food
04-Jan	60	Cleaning consumables
04-Jan	210	Electricals
05-Jan	30	Food
05-Jan	135	Electricals
06-Jan	120	Electricals
06-Jan	90	Cleaning consumables
06-Jan	60	Food

Total Product Sales

Sales Amount	Product Type
$C$4:$C$19)	Food
300	Cleaning Consumables
810	Electricals

图 10.1　应用 LLM 的简单示例

这是一个非常简单的示例，公式也很简单，但如果考虑到计算公式比较长，并有许多不同层次的嵌套函数，就不那么简单了。Copilot 可以大大节省我们的时间。

我看到了大语言模型技术在数据质量工作中的多种潜在应用，接下来将介绍相关应用。

1. 大语言模型在数据质量领域的使用案例

数据质量世界中的大语言模型（以下简称“大模型”）用例与其他软件厂商一样，我相信数据质量工具供应商将迅速在其工具中引入大模型功能。我期望能看到如下功能。

2. 自动生成规则代码

许多数据质量工具在推出时都希望业务用户能自己创建数据质量规则，而不是先定义他们想要的规则，再让开发人员创建规则。例如在 SAP Information Steward 中，可以“右键单击”配置文件中的正确模式，选择“创建规则”。然后该工具会自动提供简单的代码。

遗憾的是，根据我的经验，这种方法只适用于一小部分规则。大多数规则比较复杂，要求编写代码而不是生成代码，而这历来需要熟练的开发人员。

有了大模型，我希望降低对开发人员的依赖性，业务用户学会如何创建“友好型大项目”规则描述，从而成功生成代码。

我所说的“友好型大项目”，是指需要对规则描述进行更仔细的整理，以便模型能够理解。

例如在第 6 章表 6.3 中有以下规则说明：合同工的离职日期必须在今天开始的 18 个月内。

要让大模型为这条规则生成正确的规则代码，我认为规则描述需要如下编写：检查雇员表<表名>，筛选出除类型"C"以外的所有雇员。从字段<字段名称>中检查他们的离职日期。将离职日期距今天日期小于 18 个月的记录标记为"passed"，将结束日期距今天日期大于 18 个月的记录标记为"failed"。

我知道这看起来要比之前的简单业务规则复杂得多。我认为，如果有一个强大的业务术语表，并将业务术语映射到基础元数据，就可以保持简洁性。例如术语"contractor"可以从术语表映射到数据源中的相关雇员类型（本例中为"C"），大模型可以读取映射并理解术语"contractor"，其他表、字段和值名称也是如此。

这里强调了第 2 章中的一个观点——虽然更广泛且强大的数据治理计划不是数据质量工作取得成功的强制性先决条件，但它必须随着时间的推移而发展。如果元数据管理工作的进展速度与数据质量工作的进展速度相同，那么大模型将成为创建数据质量规则的宝贵组成部分。

如果这些规则可以从简单的业务描述中推导出来，那么开发人员的职责（以及开发人员的费用）就会大大减少。你仍然需要一名开发人员，但他们的职责是审查大模型代码，并在必要时为支持性和一致性目的做出改进。

规则生成从开发人员的职责变成了业务用户的职责。业务用户需要学习如何正确地向大模型提供信息。目前已经出现了关于如何为大模型编写高质量提示的培训课程。

如今，可以为此使用大模型。如果你能确定数据质量规则使用的代码类型（例如 C#），那么你就可以要求模型提供代码。例如我在 Chat-GPT 中键入了以下语句。

用 C#代码编写以下语句：

- 过滤 EMPLOYEES 表中的雇员，只保留 CONTRACTOR 雇员类型。
- 然后检查 EMPLOYEES 表中其余数据行的 END_DATE 字段中的结束日期与今天的日期是否一致。
- 如果数据行中的 END_DATE 字段距今不超过 18 个月，则应将该行标记为 PASSED（通过）状态。否则该行应标记为 FAILED。

Chat-GPT 返回了一个代码块，该代码块可以在 GitHub 存储库中找到：

https://github. com/packtpublishing/data-quality-in-practice/blob/main/ChatGPT% 20code% 20example. txt

如果查看 GitHub 上的代码，你就会发现 Chat-GPT 足够智能，可以做出各种假设。例如它假设数据库中有一列名为 STATUS，并能将 PASSED 或 FAILED 的值写入该列。它还假定自己连接的是 SQL 数据库，并留下注释，说明在代码中插入该数据库的详细连接信息的位置。

现在你可以在 Chat-GPT 中尝试这样做。必须仔细测试，以确保得出正确的结果。例如可能会注意到 Chat-GPT 假设每个月的天数是 30 天。这会导致结果稍有偏差，可能需要改进。

3. 自动生成规则说明

大模型在数据质量方面的下一个可能用途，在某种程度上与第一个用途相反。在一些项目中，生成高质量数据质量规则的描述有时会被忽视。这些规则是在与业务部门的研讨会上用计算机代码编写的。这些规则的质量很高，因为它们来自真实的业务需求，但对于业务用户来说，却无法正确理解和记录这些规则。

大模型将能够阅读代码，并编写与之匹配的简单业务描述。这些描述需要经过主题专家的审核，但至少可以提供一个强有力的起点。

4. 其他编码机会

在数据质量方案中，大模型还能帮助编码。数据质量工具需要从数据源导入数据，以便根据规则进行测试。这些 ETL 工作包含代码，只要有代码的地方，大模型就能加快工作进度。我相信，开发人员仍然需要创建 ETL 作业，但可以鼓励他们使用大模型来加快工作流程。

除此之外，在评估数据集中哪些记录可能重复以及哪些记录不活动时，还涉及相当复杂的逻辑。有关重复和非活动的规则通常记录在数据治理政策中（请参阅第 2 章 "在数据治理背景下的数据质量" 一节）。大模型可以读取这些规则，并根据它们生成符合特定语言逻辑的内容，从而为后续处理提供有力的起点。

5. 根据数据定义和数据剖析结果推荐的规则

数据质量工具通常包含数据剖析和数据质量规则创建功能。如今，一些工具已经可以根据数据剖析提供规则建议。预计，当工具内置更强的人工智能时，这些规则建议将变得更加复杂。

这样做的风险在于，规则会脱离企业的优先事项和战略。随着时间的推移，我希望大模型可以阅读和理解企业战略。那么我们就应该考虑，下列信息也可以为大模型所用：

- 一整套数据定义（规定字段中应包含哪些信息）。
- 定义与基础数据源字段的映射。

有了所有这些信息，大模型就有很大的机会提出能增加实际业务价值的规则建议。这些规则必须符合与战略相关的优先事项，以业务主导的数据定义为基础，并考虑到剖析结果中数据的真实快照。

这些建议将成为业务对话的重要输入（和加速器），并使设计阶段的资源密集程度降低。

6. 数据补救

数据质量方案中最耗费资源的部分之一就是补救问题数据。大模型及其他形式的人工智能和自动化技术应该能够帮助加速一些补救活动。以下列表提供了一些想法：

- 人工智能可用于查找数据中的内部不一致问题，并提出修正建议。如果产品的产品类别值缺失或不准确，但有一个有效的产品子类别值，那么就可以很容易地提出正确的产品类别。
- 光学字符识别可用于扫描供应商文件，以查找缺失的详细信息，如税号、电子邮件地址等，并自动识别内部系统中保存的数据是否过时，提出更正建议。
- 可以向能够访问现有互联网资源的大模型提供一份数据文件，要求他们对照权威的免费外部资源进行检查。例如可以将客户地址数据清单与公司网站进行核对，以找出错误和现已停业的组织。大多数网站都包含一个组织的办事处或商店列表，大模型可以免费访问这些列表。
- 大模型可以与供应商、客户和员工互动，以获取缺失的详细信息。例如可以通过内部聊天工具（如 Microsoft Teams）联系那些信息缺失或不正确的新员工，要求他们提供相应的详细信息。然后该模型可将正确的详细信息自动发布到记录系统中。

我相信你们还有很多其他想法可以补充到这份清单中。

未来几年，我对大模型将如何改变数据质量工作感到非常兴奋，我认为数据质量专业人员做到以下几点非常重要：

- 了解数据质量工具供应商如何将这项技术集成到他们的工具中。
- 开始与大模型进行日常合作，以便当这些创新成为他们日常工作的一部分时，能做好充分准备。

数据质量方案的各个阶段将保持不变，但大多数阶段都有机会大大加快。这将降低数据质量方案的成本，使其更容易启动。担任关键数据角色的人员（如数据质量负责人）需要进行调整。他们需要积累经验，了解如何从大模型中获得最佳结果，以及如何与有效使用大模型的人员合作。例如将需要一种新型的开发人员——既能有效理解和调试代码，又能使用大模型快速起草代码。需要对业务利益相关方进行有关大模型及其应用领域的培训。之所以需要这样做，是因为业务用户需要看到大模型的输出结果（例如规则说明），并能够对其进行严格评估。

我希望本节内容能鼓励你研究大模型，并开始思考如何将其应用到你的数据质量工作中，甚至从今天开始。下一部分将介绍企业如何继续对我们这些数据质量专业人员提出更高的要求。

10.3.2　各组织更加重视高质量数据

在我工作的 16 年里，数据质量作为一门学科得到了长足的发展。我希望持续看到这种增长，甚至进一步加速。上一节主要介绍了 LLM 如何加快数据质量流程。

这是一场针对企业中许多不同流程的对话。大多数组织中都有一些团队在研究如何利用大模型加快战略实施并降低成本。

低质量的数据对大模型效益的影响怎么强调都不为过。如果数据质量不高，那么大模型就不会产生有用的结果。例如上一节介绍了基于策略文档和数据定义生成数据质量规则的大模型。如果数据定义缺失或不正确，那么生成的规则将毫无用处。

另一个例子是客户主数据。大模型应能提供每周 7 天、每天 24 小时的优质客户服务。然而，这依赖于高质量的客户主数据、高质量的历史订单数据、高质量的产品和库存数据，以及对客户服务和退货政策的了解。如果其中任何方面的数据质量不佳，那么大模型将无法实现预期结果。如果客户想退货，但大模型无法访问订单历史记录（显示客户购买了该产品），那么与客户的对话就会很困难，客户体验也会很差。如果缺少了这些数据，即使人类也会感到很吃力，但在这一点上，人类还是更善于寻找变通办法和使用判断力。

基于人工智能的解决方案还能提供即时分析，例如显示哪些流程因数据缺失或不正确而无法按预期计划完成。这将比以前更快地暴露出数据质量差的问题，并增加管理人员解决这一问题的需求。

预计随着人工智能的发展，对数据质量工作的需求会增长得更快。

总之，大模型将对数据质量工作产生深远影响。作为数据质量专业人员，我们将从中看到重大机遇。我们将迎来前所未有的机遇，以更低的成本或更广泛的范围来实施我们的计划，有机会将数据质量工作中的一些琐碎和重复性工作实现自动化。最后，还有机会提高我们的技能——向支持我们的大模型学习。我建议大家抓住这些宝贵的机遇。

10.4　本章小结

在最后一章中，我们重点介绍了最佳实践，如果遵循这些最佳实践，你的数据质量方案将会取得非常不错的结果。我们还指出了数据质量方案中最常见的错误。如果不避免这些错误，可能无法完全实现计划目标。

我们还探讨了大语言模型对数据质量工作的影响——预计在未来几年内，数据质量工作将发生的变革。

在过去的 16 年里，数据质量一直是我的工作热情所在，我目睹了那些协调一致、支持有力的质量提升举措，真正改变了一个组织实现战略目标的能力。我倾尽所学，将一切精华都注入本书中，希望它能帮助读者第一次就正确地实施数据质量计划。我衷心祝愿每一位阅读完本书并付诸实践的朋友，都能取得令人瞩目的成功！